知识管理的核心理论体系

及方法探究

ZHISHI GUANLI DE HEXIN LILUN TIXI

JI FANGFA TANJU

韩珂 著

中国水利水电出版社

www.waterpub.com.cn

内 容 提 要

知识经济时代,知识就是组织的战斗力,知识也是组织蓬勃发展的根本保证。本书从知识管理的概念入手,对知识管理理论与模式研究、知识的获取、创造与共享、知识创新与国家创新体系、知识管理技术、知识管理的运作方式和知识管理的实施与评价等方面分别进行了阐述,形成了一个完整的知识管理内容体系。

本书适用于组织学习行业研究者、管理者及从业人员,也可以作为学校人力资源开发与管理专业、政府和企业在线学习部门的参考用书。

图书在版编目(CIP)数据

知识管理的核心理论体系及方法探究 / 韩珂著. --
北京 : 中国水利水电出版社, 2015.6(2022.9重印)
　ISBN 978-7-5170-3398-1

　Ⅰ. ①知… Ⅱ. ①韩… Ⅲ. ①知识管理-研究 Ⅳ.
①G302

中国版本图书馆CIP数据核字(2015)第163663号

策划编辑:杨庆川　责任编辑:陈　洁　封面设计:崔　蕾

书　　名	知识管理的核心理论体系及方法探究
作　　者	韩　珂　著
出版发行	中国水利水电出版社
	(北京市海淀区玉渊潭南路1号D座 100038)
	网址:www.waterpub.com.cn
	E-mail:mchannel@263.net(万水)
	sales@mwr.gov.cn
	电话:(010)68545888(营销中心)、82562819(万水)
经　　售	北京科水图书销售有限公司
	电话:(010)63202643、68545874
	全国各地新华书店和相关出版物销售网点
排　　版	北京鑫海胜蓝数码科技有限公司
印　　刷	天津光之彩印刷有限公司
规　　格	170mm×240mm　16开本　14印张　181千字
版　　次	2015年11月第1版　2022年9月第2次印刷
印　　数	2001-3001册
定　　价	42.00元

前　言

随着人类社会从工业经济时代进入知识经济时代,传统的企业管理模式与管理理念越来越不能控制和解释许多企业的兴衰起伏。知识管理是自 20 世纪泰勒科学管理后管理学最重要的发展。正如泰勒的科学管理理论和方法是工业时代的企业管理基础一样,知识管理为 21 世纪知识经济时代的组织管理提供了理论基础。

知识管理作为一门独立的学科,也是 20 世纪 90 年代才开始建立的。对于知识管理的认识和理解,到现在为止也没有一个完全一致的看法。但这并不妨碍人们在实践中实施知识管理,并逐步总结和积累经验,找出一般的规律,逐步凝练出学科体系和内容。到现在为止,有关知识管理的著作已经出版了许多。这对培养掌握知识管理的人才有着积极的意义。

知识管理研究与应用已经横跨许多学科领域,其影响领域主要包括:系统理论、传播理论、风险管理评估、组织心理学、智能代理、可视化、研发管理、虚拟网络、建模与仿真、战略规划、数据挖掘/数据仓库、目标管理、企业资源规划、全面质量管理、业务流程工程、管理理论、系统分析、信息系统管理、信息资源管理、图书情报管理、系统工程、数据库设计/数据库管理系统、领导艺术、伦理学、数据通信与网络等。

我国虽然还处在工业化的中期,但是为了促进工农业的现代化,为了在全球化经济的大环境中求得生存和发展,不能不关注各种知识在不同领域、不同发展水平情况下的广泛应用,特别是为了克服自然资源不足和缺乏核心技术对可持续发展的限制,需要加强自主创新。创新的实质是知识的运用和创造,因此,当前把知识管理提上日程,是具有现实和长远意义的。

本书共 7 章,包括绪论;知识管理理论与模式研究;知识的获取、创造与共享;知识创新与国家创新体系;知识管理技术探析;知识管理的运作方式和知识管理的实施与评价。本书的结构和内容反映了学科发展的一个阶段的成果,对于初学者可以按照书中结构形成自己的知识体系,而对已掌握一定知识和经验的读者来说,可以根据自己的专业背景与实际需要,选择书中的有关内容,构建本人的知识体系结构。

由于作者知识有限,书中难免存在错误和不妥之处,敬请广大读者批评指正。

作 者
2015 年 5 月

目　录

第 1 章　绪论

卡尔·爱瑞克·斯威比博士是"知识管理之父"。知识管理的概念首先是由企业界提出的,最早出现于 20 世纪 90 年代。斯威比博士认为,企业通过迅速吸收和掌握最先进的管理方法和经验来提升自己的核心竞争能力,以适应经济的日益全球化发展。知识管理能帮助企业将知识转化为生产力,提高企业的竞争能力,实现企业的可持续发展,被视为全球范围内重要的经济课题,引起了学者的高度关注[①]。知识管理是知识经济时代的产物。社会的发展,必须依靠知识的活力;企业为了能够立足于市场,需要改变现有的企业管理竞争模式,增强竞争能力。基于以上两点,企业认识到要保证企业的竞争优势,必须充分的调动员工的积极性,将先进的信息技术应用到知识传播体系中,作为促进知识创新的工具,力争优良环境以确保知识得到全方位的充分利用和扩展,进一步加快知识管理过程。

---

① 刘贵琴. 图书馆知识管理[M]. 合肥:安徽大学出版社,2007.

1.1 知识的定义与分类

1.1.1 知识的定义

知识（Knowledge）是人类对客观世界做出的反应，是人类认识的成果，它的获取以实践为基础。人们以各种形式记录在平常生活、活动和相关研究中所得到的信息，其有效成分就是知识。一般将知识分为生活常识和科学知识两类，其依据是知识所反映对象的系统性和深刻性的程度不同。生活常识是人们在日常的生活中探索总结出来的经验、技巧、方法和知识；科学知识是人们在认识世界，改造自然的过程中总结出来的经验知识和理论知识，是人类智慧的结晶，又是人类实践和社会发展的必要的精神条件。知识是人类思维发展的基本过程，其产生与发展的规律都是一个由浅入深、由少到多、由片面到全面的不断运动。知识的发展以实践为基础，是一个不断发展、积累的过程，只有量的积累才能引起质的飞跃。知识是在辩证运动中产生的，具有不可逆性、加速增长等特点。

人们认识客观事物的过程就是人脑对外界事物传来的信息进行加工的过程，而认识飞跃的结果即为知识。简而言之，信息是思维的原料，知识是信息被加工改造后的产物。

1.1.2 知识的分类

知识按照不同的分类方法可以分为很多类型。

1. 依据知识的属性

①显性知识。显性知识一般具有易识别管理的特点,也称明确知识,多指通过书面文字、图标和数学公式表示的知识。

②隐性知识。隐性知识是存在于人脑中不能明确表达的个人知识,包括工作诀窍、经验、观点、形象、价值体系等。由于其无法明确表达、描述,因此对于它的利用与管理将成为困扰信息检索工作的一大难题。但隐性知识蕴含着显性知识无法传播的创新思想与理念,对用户来说又很需要这些创新思想和理念。因此,如何管理和应用难度很大的隐性知识已成为知识信息服务的核心内容。

显性知识和隐性知识共同构成了人类的知识体系,如图 1-1 所示。研究表明,人类的知识只有五分之一是显性,剩下的全是隐性知识。

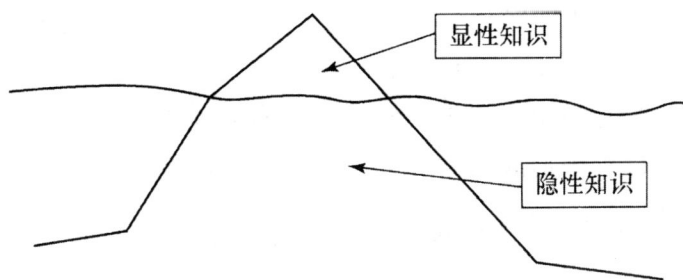

图 1-1　人类知识体系构成

实际上,人类的知识绝大部分同时具备隐性和显性的特性,二者只是程度上的差异,隐性知识到显性知识的过渡可以成为一个连续的图谱,如图 1-2 所示①。

---

① 林东清. 企业知识管理理论与实务[M]. 北京:电子工业出版社,2005.

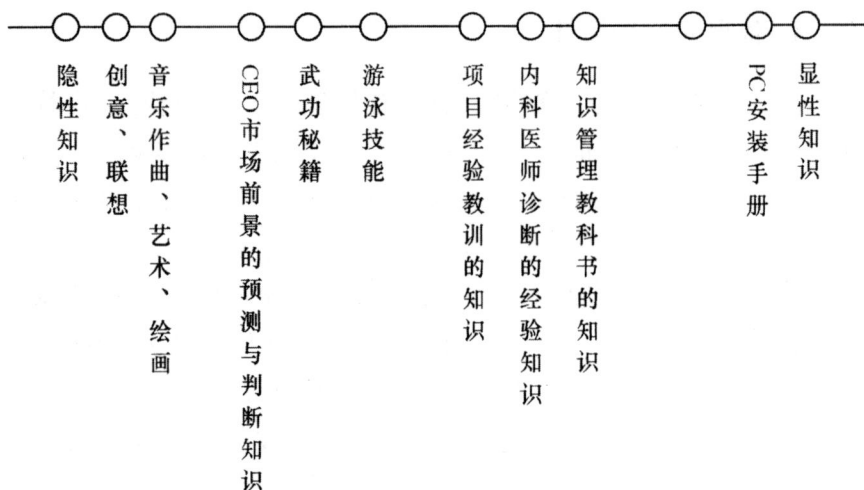

图 1-2 显性知识与隐性知识的图谱

隐性知识　创意、联想　音乐作曲、艺术、绘画　CEO市场前景的预测与判断知识　武功秘籍　游泳技能　项目经验教训的知识　内科医师诊断的经验知识　知识管理教科书的知识　PC安装手册　显性知识

2. 按知识对社会的作用和贡献大小划分

①核心知识。核心知识是能为用户带来显著利益的知识,核心知识能迅速转化为高质量、高效的产品,具有很强的服务能力。

②非核心知识。非核心知识是一种辅助知识,它是在核心知识的发展过程中形成的,其形式可能是制度、文化、技能等。

3. 依据国际经济发展组织(OECD)的定义

①关于事实方面的知识——Know what(知道是什么)。

②知道自然原理与规律方面的知识——Know why(知道为什么)。

③关于技能与能力的知识——Know how(知道怎么做)。

④关于产权归属的知识——Know who(知道归属谁)。

4. 管理实践中的分类

根据知识的来源,组织知识可分为组织外部知识和组织内部知识,如图 1-3 所示。

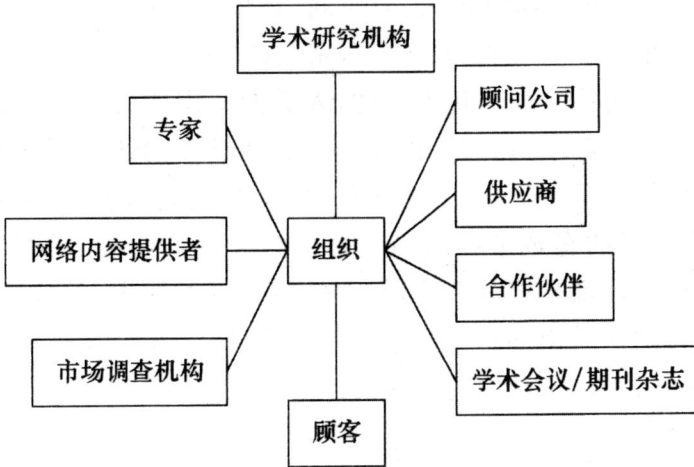

图 1-3　组织外部知识的主要来源

内部知识指的是组织内支持业务经营活动所需的知识,外部知识指的是与组织自身发展密切相关的外部组织或者个人所拥有的知识。

无论是什么类型的知识,都具有如下属性。

(1)真理性

知识既然是对客观事物及其运动、变化、发展规律的认识和经验,那么它必然有真伪之分,即所谓的"真理性"。认识和经验的正确与否最终需要社会实践的检验。经过检验,凡是符合客观事物及其运动、变化、发展规律的就是知识,否则是谬误。所有的知识都是对客观事物的正确认识和经验,因此知识的正确性具有普遍性。知识的真理性要求我们要崇尚知识,相信科学,尊敬有知识的人；同时要积极主动地在实践中学习知识，运用知识，开发知识，充分发挥知识的作用。

（2）相对性

知识的真理性通常是有条件的和有环境要求的。在某时、某地、某种情况下为真的知识，当时间、环境改变时可能变成假的。由于客观事物本身往往是表露不完全的，因此，人脑对该事物的反映也就不可能全面。正因如此，人类的知识才有不断完善的余地，原有的对客观事物的认识才会不断地被新的认识所取代。并且客观事物始终处于运动和变化之中，故而可能原有的正确认识，在变化了的客观事物面前也会部分失去正确性。因此，现实中的知识往往都是相对真的，而不是绝对真的知识。知识的相对性要求人们在运用知识时要"具体情况，具体分析"，选择符合实际情况的知识用于具体的实践活动，不能生搬硬套。

（3）实践性

知识的实践性是指人类的任何知识都来源于社会实践，又运用于社会实践，而且知识只有在社会实践中才能创新与发展。毋庸置疑，经验是从实践中来的，不实践就无所谓经验。显性知识，如科学常识和专业知识等书本上的知识也同样来源于实践，因为这些知识是无数前人对客观事物进行实践—认识—再实践—再认识的经验总结。在学校里和书本上学到的知识，只有经过实践的检验才能成为个人的真正知识。人们将知识不断地运用于社会实践之中，知识在实践中得到了检验，真的保留下来，过时的从知识的总体中删除掉，同时还在实践中创造了新知识，完善了原有的知识。从知识的实践性可知，要获取知识和进行知识创新必须积极投身于社会实践之中。

（4）可传递性

显性知识可通过图书、报刊、广播电视、磁盘和光盘等方式传递,也可以通过计算机网络进行传输。在传输过程中有时需要将它从一种形式转换为另一种形式,但知识的含义并不发生变化。

隐性知识同样具有可传递性。人们可以用语言,也可以用肢体或示范动作等形式来相互传递自己的隐性知识。当然这种传递只能将知识中的某些部分传给他人,无法将知识的内涵完全清晰地进行传递,容易造成知识的大幅度衰减,而且其传递范围也非常有限。

(5)积累性

知识的载体依托性决定了知识具有积累性。实物载体中知识的积累是科学技术发展和新学科不断涌现的结果。人脑中知识(如经验、能力和专业知识)的积累是个人工作、学习和生活的直接结果。随着个人大脑中知识的不断积累,知识积累到一定的程度后,通过人脑的理解和感悟,就会创造出新的知识来。

(6)情境依赖性

所谓情境依赖性,是指在特定的情景中知识才能被创造出来,并且也只是存在于特定的情景下知识才能具有一定的意义。知识的产生与获得是与特定问题或任务情境相关联,是在特定的实践活动中个体所形成的某种思想和行为倾向,其涵义与认知者特定的情境背景与一定联系,通常情况下是在"再现"或"类比"与某种特殊问题或任务的情境的"有关"的情况下发挥作用。隐性知识较显性知识的情境依赖性要强很多。虽然显性知识通常具有抽象性和普遍性,但是这种抽象性和普遍性是相对的,要真正理解显性知识的含义,也需要在一定范围的情境下进行。知识的情境依赖性给知识的理解和共享造成了困难。管理者应该将营造有利于理解和应用知识的共享情境作为努力的重点。

(7)无磨损性

知识在使用过程中不仅不会消耗,反而会增值。这种增值主要是由于:①知识会由于越来越多人的使用而逐步形成使用者行为准则,从而增值;②使用者在使用实践中又不断创新,进一步增值。并且知识可同时被多人使用,也可被多人多次使用,使用的人和次数越多,增值越大。知识的无磨损性要求对组织内的知识应建立充分共享的机制,鼓励员工学习、交流和充分利用各种知识,促进知识增值。

(8)意会性

知识的不可完全表达性即为知识的意会性,具体就是有些知识或知识的有些部分是内隐的,无法表达或无法清晰完全表达出来。

1.2　知识管理的起源与发展

1.2.1　知识管理产生的条件

1. 知识经济的崛起

20 世纪 60 年代初,美国管理学大师彼得・德鲁克(Peter F. Drucker)博士首先提出了知识工作者和知识管理的概念,认为知识将会取代资本、自然资源和劳动力等社会生产要素,知识工作者将发挥主要作用,知识将成为真正的资本与财富。

在此之时,与以往传统的经济类型相比,知识在经济发展中占据了举足轻重的地位,知识在经济发展中的地位和作用在随着时代的发展而改变,如图 1-4 所示。

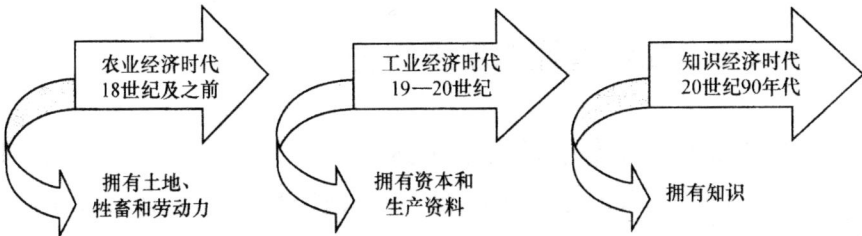

图 1-4　从农业经济到知识经济的知识的发展历程

2. 管理理论以及实践的发展

美国管理学大师提出知识管理概念之后,管理逐渐开始发展成为独立的工作任务,直至今日,早已发展成为完美而又成熟的现代公司制,管理理论以及实践的发展如图 1-5 所示。

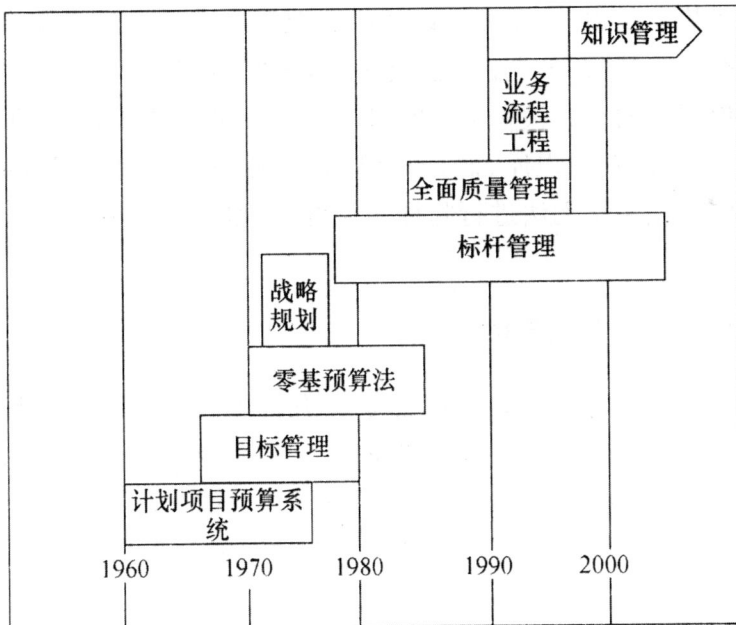

图 1-5　管理理论的发展

1.2.2 知识管理的发展历程

著名知识管理专家托马斯·达文波特指出现代公司企业对知识管理的应用已经非常广泛，知识管理的发展会经历两个阶段。

1. 第一代知识管理

第一代知识管理阶段，是以技术为中心的知识管理阶段。这个时期主要是讨论怎样进行信息的处理去保持企业的核心竞争的优势。企业像管理其有形资产一样来对其知识资产进行管理，包括对知识的获取，整合。经过对知识以及资源的整合，形成企业的优势竞争力，企业才可以从中获取大额利润。管理就像是获取资产并将其"存放"在自己很适应，很容易使用的地方，这个存放知识资产的地方被称为"知识库"。达文波特指出，现在很多企业里，不是没有知识库，而是知识库太"拥挤"、太"繁杂"，原因则是这些知识库是无法进行隐性知识的处理的，只能够用来收集存储知识。

2. 第二代知识管理

第二代知识管理则更侧重于人力资源和过程的主动性。当企业意识到自己知识库里的知识资产太"拥挤"时，应重视组织内的人与人的交流、互动，即更需要和应该组织学习知识和进行知识的创造，建立信赖的环境，同时提供学习的空间，进行知识工作业务本身的改进与提高。第二代知识管理主要包括人力资本理论、生命周期理论、嵌套知识域理论和复杂性理论，在这其中人力资本理论最为重要。

（1）人力资本理论

20 世界 30 年代，美国学者沃尔什（J. R. walsh）首先提出了"人力资本"概念，随后经过一个漫长的发展过程，人力资本理论才被逐渐完善。这个过程中西奥多·W·舒尔茨和加利·S·贝克尔起到了非常重要的推进作用。舒尔茨认为人力资本是社会进步的决定性原因，一个国家人力资本的存储量越大，其国民教育程度和科技生产力就越高[①]。贝克尔做出的贡献则是将生产与收益之间的关系进行总结，发展成为著名的分配规律，为现代人力资本理论奠定了微观基础。

我国对人力资本理论的研究则认为人力资本是知识管理的核心。知识管理就是为企业实现显性知识和隐性知识的共享提供新的途径。实行知识管理不仅仅是组织员工进行知识培训，更为重要的是如何将员工个人的隐性知识与显性知识的相互转化和共享，从而实现集体的知识共享。可以说是组织获取知识整合优势的过程，也就是获取人力资源优势的过程。所以说，知识管理的任务就是开发和管好人力资本，运用集体智慧提高应变和创新能力。良好的人力资源状况将为企业提供无穷的动力，为企业利用各种资源打造核心竞争力创造必要的条件。

（2）生命周期理论（Life-Cycle）

在第一代知识管理理论中没有研究知识是怎样产生的，直接认为知识是自然存在的，而在第二代知识管理中的生命周期理论则认为新知识在被应用和传递之前应该经过产生和验证的阶段，继而代替旧知识，完成周期循环。该理论把知识的生命分为三个

---

① 储节旺，周绍森．知识管理概论［M］．北京：清华大学出版社；北京交通大学出版社，2005.

阶段：知识产生、知识有效性验证和知识整合。[①]

①知识产生。主要是指依据现有知识进行收集、初步编码以及制定新知识发布规范的过程。能够作为知识源的知识主要包括存在于各种资料和文档中的显性知识以及通过知识表示和数据挖掘技术得以显性化的隐性知识。

②知识有效性验证。有效性验证指的是进行知识的筛选过滤过程，确保用于传递的知识具有有效性，通常的操作为制定有效性验证的标准，进行知识审查、确认和分类，然后再对知识的实际所能起到的作用进行评价，最后再对知识的进行正式的编码。

③知识整合。所谓的知识整合指的是将知识（包括新知识的运用和知识成品的加工）通过教授或者培训的方式进行共享和传递，这里的整合涵盖知识的共享和传递。

（3）嵌套知识域理论（Nested Knowledge Domains）

人们将所掌握的知识主要应用在两个层面上。首先，当人作为单独的个体时，将所掌握的知识运用在生产实践中；最后当人作为集体中的一部分时，知识将作为集体的知识集应用于指导实践生产中。因此我们每个人不仅要掌握自己的个体知识集，还要掌握整个团队的知识集。

第一代的知识管理与第二阶段中对个人学习和组织学习的看法是截然不同的。第一代知识管理对组织学习没有进行区别，第二代知识管理提出的嵌套知识域理论把组织中的知识分为三个层次：个人拥有的知识、个人组成的团体拥有的知识、组织总体上掌握的知识。个人拥有的知识被嵌套进组织知识域中。由于任何时候这三个层次间都存在着差异，从而形成了一定的张力。对这些张力进行适当的管理，会大大提高知识创新率和企业运作

---

① 李志刚．知识管理原理、技术与应用[M]．北京：电子工业出版社，2010.

的有效性。

（4）复杂性理论

复杂性理论最具代表性的是霍兰于 1994 年提出的复杂自适应系统（Complex Adaptive Systems，CAS）理论。该理论的中心思想为适应性造就复杂性。依据 CAS 理论，不管是组织也好，个人也好，都在根据外界不断变化的环境去进行自我调节以期适应环境要求。知识就由在不断调整过程中所遵循的规则组成。通过此理论，我们认识到知识是如何在智能体个体层面形成并上升为组织的形式被所有个体共享、成为组织知识的。

1.3　知识管理的含义与特点

1.3.1　知识管理的含义

知识管理 KM（Knowledge Management）是市场经济高度发展的产物，是随着知识经济的发展而出现在管理领域的新生事物。知识管理的概念，到目前为止并没有一个确切的定义。国内外关于知识管理的定义有多种。

（1）国外代表性观点

①丹尼尔·E·奥利里的观点是知识管理是组织各种来源的信息并将它们转化为知识的人为活动，是一个以人为主体的组织过程。

②1998 年 4 月 22 日一篇题为《迎接知识经济》的文章在美国《福布斯》杂志上发表，该文章指出，知识管理是一种知识共享，是

应用集体的智慧来提高创造力和应用力的一种方法。其实施过程需要建立积极参与知识共享的机制,企业的创新能力和集体创造力也是通过知识总监的设立而培养出来的。

③美国生产力与质量中心(APQC)认为知识管理是组织为了满足知识的需求,在最短的时间内将知识传递给最需要的人,所采取的一种有意识的措施。知识管理措施的采取能够让知识、信息等更好地传播、交流从而实现高度共享,并且结合相关技术使得知识管理措施更具高效性。①

④美国莲花公司图文管理产品公司总经理斯科特·库柏认为知识管理的目的是运用信息创造某种行为对象的过程。

⑤卡尔·弗拉保罗,德尔集团(美国)创始人之一,对于知识管理的理解为企业显性知识与隐性知识通过知识管理的相关措施达到交流与共享,企业的应变和创新能力也在这一过程中应用集体智慧的力量得到了提高。

⑥Yogesh Malhotra 博士就知识管理给出来的观点为:知识管理是在不断纷繁变化的内外部环境中,企业为了生存和发展而采取的一种措施。它是组织发展的过程,在这一过程中企业管理者力争将数据处理能力与人的生产创造能力结合起来,是信息技术与人类生产的有机结合过程。

(2)国内代表性观点

①丁蔚博士认为知识管理包括对信息的管理,是信息管理的深化与发展,它来源于传统的信息管理学——对人的管理。

②著名学者乌家培教授认为,知识管理是实现信息与知识共享的主要途径,在这一过程中信息与信息、信息与人、信息与活动通过人类活动而连接起来,知识创新是由集体智慧的结晶带来

---

① 张兵. 现代图书馆知识管理[M]. 北京:知识产权出版社,2008.

的,将有利于企业适应社会发展过程中带来的激烈竞争。

③学者郑丽莉认为,知识管理是一种企业发展服务,为了取得良好的服务效果将关于企业的人才资源的不同方面和企业的经营战略、市场分析及信息技术等协调统一起来。

④邱均平、段宇锋认为知识管理的概念可以从广义和狭义两个方面进行定义。狭义知识管理是对知识本身的管理主要包括知识的创造、获取、加工、存储、传播和应用等方面。广义的知识管理不仅涵盖对知识本身的管理,更包括对各类与知识相关的资源的管理,其涉及面很广。包含对知识组织、活动、设施、资产、人员的全方位管理。我个人认为管理是以信息技术网络技术为依托,以人为核心,对知识进行收集、组织、加工、整理、传播,实现无形资产的传播。这一过程能积极促进知识的转化和共享、调动人们的能动性,达到知识创新的目的。

由此可见,我们可以从两方面对知识管理的概念加以理解:一是对信息的管理,在信息系统中对获得信息技术支持的知识进行识别和处理;另一方面是指对人的管理,发掘人脑中非编码化的信息,并将其进行统一管理。

1.3.2 知识管理特点

知识管理蕴含多层次意义,主要体现在以下方面。

(1)管理的核心对象——知识

知识管理中的核心对象是知识,其主要含义是融合、转化隐、显性知识,并充分利用和共享二者,并同时做好相关归纳、总结、提取、保存等工作。

(2)人在知识管理中的作用

知识管理需要充分发掘人的潜力,并进行相关引导学习,不断,激发员工的创造力,提高员工获取知识的能力。知识管理为了实现其价值目标,在充分尊重个人价值的前提下,激励员工将其相关知识积极应用于日常工作中。

(3)集成管理

知识管理的集成管理需要同时关注软、硬两方面生产要素,传统管理模式的明确边界与等级制金字塔型结构不利于知识管理,我们通过资本存量、知识存量的裂变重组与功能放大来实现管理组织结构的网络化与虚拟化,改变传统模式。

(4)共享与创新

共享与创新是知识管理重要的目标,知识管理需要促进员工之间的知识交流和共享进而达到创新的目的。知识管理不仅涵盖传统的知识信息的收集、整理和存储等机械的管理方式,还包括处理知识、知识与用户之间的关系,并不断创新以适应新需求。

(5)管理边界不确定

知识一直处于不断发展变化的过程当中,想要对其掌握和控制,是非常困难的。在信息化的今天,组织结构和人力资源也逐渐虚拟,导致对知识的管理更加模糊不清。

1.4　知识管理的要素

1.4.1　知识管理三要素结构

广义的知识管理用简单的几个字来理解知识管理的内涵就是:"技术支撑、知识转化、创造价值",知识管理三要素结构如

图 1-6 所示。此结构强调三个方面,首先是知识管理的机制,它不仅单指跟技术相关的一系列问题,而是对"人、过程、技术"的有机统一,是一种技术作用于社会,社会作用于技术的"技术 – 社会"系统;其次强调知识管理的"管理"主要针对的是知识核心过程——"知识的生产、分享、应用、创新"的管理;最后则是知识管理所能够创造的价值——提高个人和组织的智商、提高企业的核心竞争力以及取得巨大的经济效益等。[①]

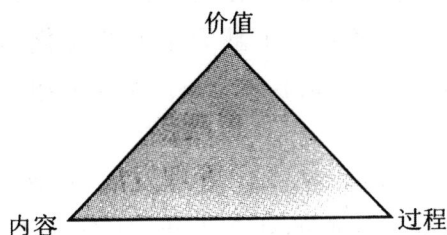

图 1-6　知识管理的三要素结构

1.4.2　知识管理的主体和客体

知识管理的主体从广义上来讲,主要是三个层面上的主体,即个人主体、集团主体和社会主体。知识管理的客体就是实践、认识的对象。在正常情况下,在任何实践、认识活动中,作为实践和认识活动的活动者、行动者都是主体,那么实践认识活动中的对象,即自然世界及其事物就是客体。知识管理的主体可以根据一般意义上的大小分为微观(个人和组织)、中观和宏观(国家)三个层次。知识管理的客体主要表现为知识内容及知识过程。

---

① 储节旺,周绍森. 知识管理概论[M]. 北京:清华大学出版社;北京交通大学出版社,2005.

1. 知识管理的主体

从知识管理的主体上来说,知识管理可以分为个人、企业组织、一个国家乃至整个社会对知识的学习、创造、交流、使用和控制等。

在一般情况下,我们说到知识管理的主体时,浮现的第一印象往往都是企业或者是其他以盈利为目的组织机构,现在说来,这个理解范围是非常狭隘的。在知识经济时代到来今天,人们的思想以及生活方式已经发生了翻天覆地的变化,知识管理作为一种新的管理思想已经逐渐深入到社会各种组织和个人的思想之中。

不管我们承认与否,亦或思想认识与否,技术的飞速发展与知识的极大地丰富了我们的社会生活,社会的各个阶层,个人、企业机构甚至于国家管理者们都开始进行思想的改变,不断调整自身以适应外界环境的变化。

首先必须肯定的是,进行知识管理活动的主体大部分是企业组织,企业组织是为追求利润而存在,而知识管理活动可以为企业带来最客观的经济效益。企业知识管理的重点不是投资在基础设施的建设上,而是在怎样对组织进行调整和管理更为恰当这个目标之上。企业通过采取一定手段和措施,例如建立组织内部网络,建立学习型组织促使员工之间的沟通变得更加高效和便捷;采用合理的知识管理工具建立一个知识共享环境,加快知识创新过程;消除组织不必要的结构和流程,实施扁平化组织结构给员工创造宽松的环境以激励员工创造性等一系列措施,将知识管理变为企业获取核心竞争优势最佳武器。

随着社会发展的程度越来越高,传统教育之下的个人已经无法适应社会要求,教育方式也被逐渐淘汰。未来的社会对个人的知识储备以及接受新知识的能力提出了更高的要求。这不断促使个人在工作和生活中不断进行积累学习,不断与他人进行分享交流,努力将获取的知识进行系统化和编码化,在一定的知识储备上创新知识。

一个国家想要进一步提高自身的国力也必须要跟随时代的脚步进行不断地变化。现阶段来说国家进行发展的最主要的任务是了解从哪些方面进行综合国力的提高,怎样加快自身的工作效率,怎样为企业的发展提供有利的环境,怎样做出合理科学的经济政治决策,这些都是世界各国政府都应该进行思考探索的问题。根据我国的实际国情,政府的改革和企业的改革都不能松懈。

随着知识经济的到来,人类社会已经发生了翻天覆地的变化,如何在这场变革中发展得更好,核心在于抓住知识的发展与创新。而知识的发展与创新在普及的过程中必然会涉及新科技的产生和发展。从这一层面上来看,知识管理必然会与社会的各个领域产生交集,成为决定个人、企业乃至国家竞争能力的关键因素。

2. 知识管理的客体

简单地说,实施知识管理的行动者称为主体,那么客体就是主体所要管理的内容与过程。

(1)知识管理是对知识内容的管理

知识内容有不同的表现形式,表现为知识的一般形式、商品形式和资本形式。知识是人类认识和改造客观世界做出的反应,是人类认识的成果,它的获取以实践为基础。人们以各种形式记录在平常生活、活动和相关研究中所得到的信息,其有效成分就是知识。当知识作为一般形式时具有很多的特性①。人们可以根据知识的特性对其进行管理。知识的商品形式也是跟随时代发展变化才具有的属性，在商品经济时期，知识具备了商品的属性，生产者将知识赋予一定的价值，可用来进行交换或者自己进行保存，知识就成为知识商品。知识的商品形式赋予了知识更多价值和利用空间，激发了人们对知识的研究创造的热情，从根本上推动了知识的创新和科技的进步。当知识的用途更为广泛，形成自身的价值体系并且可以将自身价值增加时，知识就开始转变为资本形式。知识以资本形式存在时，必须以商品的价值形式存在才能为其增加价值。知识表现为资本形式时也具有很多的特性②。

人们对知识的拥有权和知识自身的权利特征一般是通过知识产权得以实现的。知识产权是一种获得法律保护的知识资产，也是知识资产的一个重要组成部分。因为知识资产是一种编码的知识，并且为企业核心能力的物质表现形式，所以为防止竞争对手模仿，企业一直寻求适当的方式来实现对知识资产的保护。具有产权的知识为知识资产的核心部分。

随着科技的发展，技术结构发生了深刻变化，从而带动产业结构也发生了很大变化，使得三次产业划分方法暴露出很大的局限性。与此同时，知识生产、知识传播和服务在现代经济中的作用大大增强，因此迫切需要建立第四产业，即知识产业。它是生产、经营和传播知识产品的部门、行业、机构或个人的集合，主要是从现行第三产业中、一部分从第二产业和第一产业中独立成长起来的产业。知识产业是高新技术产业赖以生存和发展的基础，

① 真理性、相对性、不完全性、模糊性与不精确性、可表示性、可存储性、可传递性、可处理性、相容性、可共享性、可多次利用性、分布性、可占用性和不可逆性。

② 无形性、依附性、不可逆性、共享性或非排他性、非竞争性、不可分性与不可度量性、时效性与非磨损性、无限增值性与外部性等特征。

是传统产业发展的先导,并推动传统产业的升级与发展。

(2)知识管理是对知识过程(知识流程)的管理

①显性知识与隐性知识的转换过程。人类的知识体系是由显、隐性知识组成,但是知识的表现形式并不是一成不变的,二者相互之间可以进行转化,即透明化——隐性知识转化为显性知识、外在化——隐性知识转化为显性知识和内在化——显性知识转化为隐性知识。

②知识流程管理的过程。主要指的是对知识资源所采取的一系列措施,以及与采取措施有关的组织结构等方面的管理,如图 1-7 所示[①]。

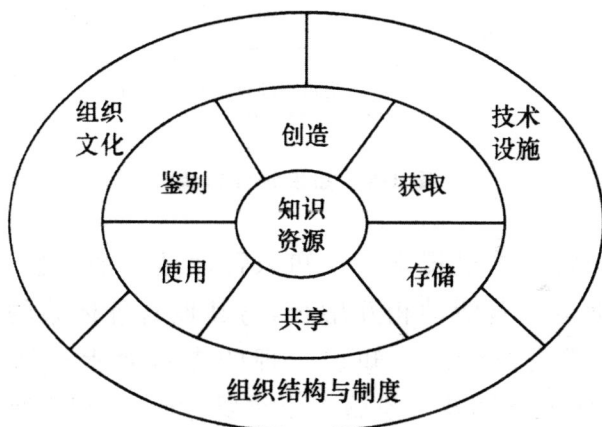

图 1-7　知识流程管理的过程

③组织知识管理系统。知名管理公司认为企业要想进行知识管理,必须先具备一定程度上的知识储备,围绕公司的知识储备进行一系列的操作进行管理,如图 1-8 所示。

① 中国国家标准化管理委员会.知识管理第 1 部分:框架[M].北京:中国标准出版社,2009.

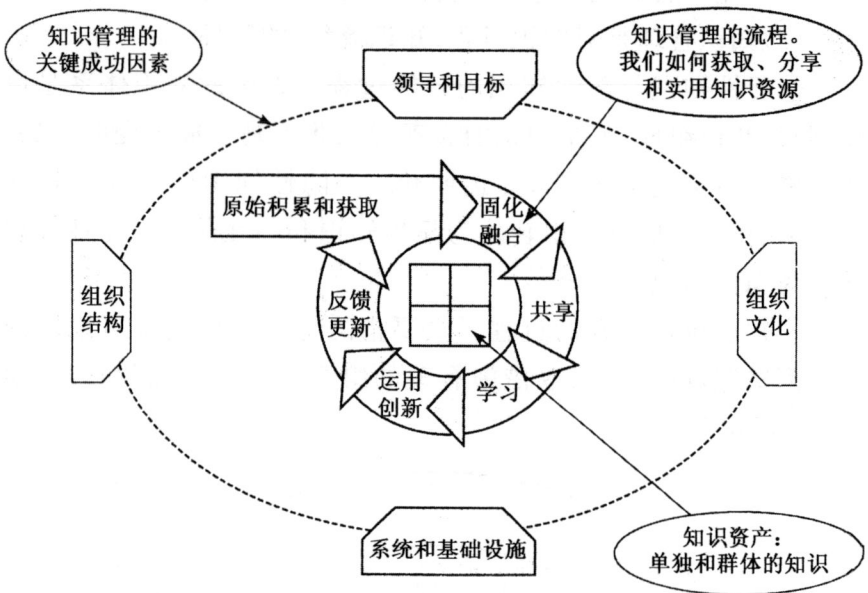

图 1-8　知识管理过程

④知识管理的过程系统。知识管理是一个过程,这个过程与企业的业务经营活动相互融合,与其他管理体系的过程保持一致,分阶段进行管理。知识管理的支持要素包括组织结构与制度、组织文化和技术设施三个重要方面,知识管理的过程如图 1-9 所示。

⑤APQC 的知识管理的过程。组织知识管理的对象和核心是组织的知识;流程包括了知识的创造、识别、搜集、适应、组织等等环节;支撑条件为领导、文化、技术和评估四个方面,如图 1-10所示。

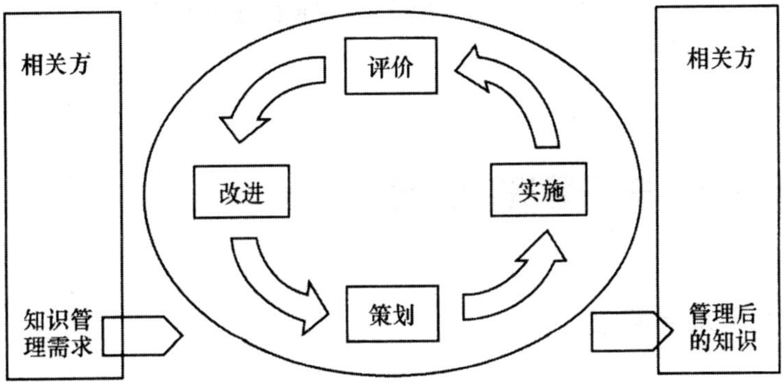

图 1-9　知识管理的过程系统

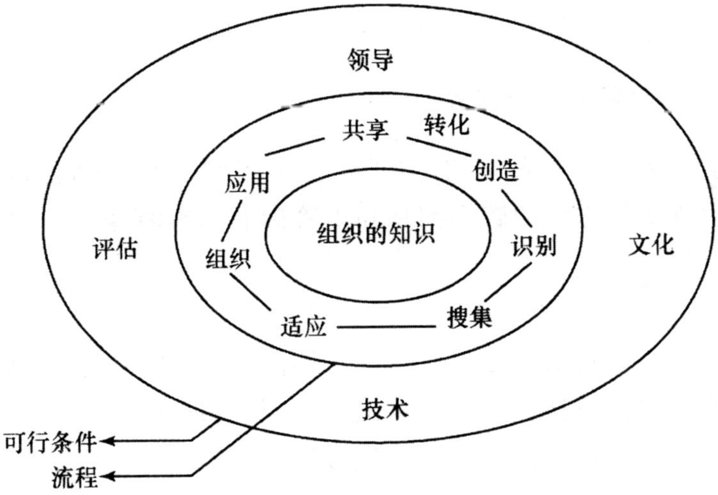

图 1-10　APQC 的知识管理的过程

1.5　知识管理的研究内容

1.5.1　知识管理的内容

1. 学术界观点

学术界普遍认为,知识管理的内容主要包括由信息技术提供的数据信息处理能力和人的开发创造能力两个方面的内容。知识管理的对象包括信息与具有创造能力的人两种,且更为关注个人的创造能力,它也是信息管理的本质特征。

2. 普遍意义上的内容

从一般意义上来说,有关于知识的组织、传播、创新、应用以及人力资源等方面的管理都是知识管理的基本内容。

3. 个人认知

个人认为知识管理包含两方面的内容:广义上的知识管理指的是所有与知识管理相关的知识资源、与管理相配套的设施与活动等各方面要素;狭义上的知识管理主要是对知识所采取一系列举措,例如知识的获取、创新、共享等。还有重要的关于隐、显性知识之间的转化与相互作用以及创新的管理;最后是管理个人所具有的隐性知识。

4. 企业认知

企业认为知识管理并不是一个简单的只涉及某一方面的管理过程。它是一种囊括了企业的管理层、组织结构、组织制度、人员以及信息技术等多方面的管理。主要有以下几个方面内容。

(1)管理知识的平台,实现知识的交流和共享

知识管理所要追求的是将企业组织内的知识资源进行整理和集合,然后再将其分享到组织各个阶层的人员,实现知识的交流和共享,提高企业的知识创新能力。简而言之,知识管理是为企业组织搭建一个知识的集合和流通的平台,只有把企业的知识全部进行集中和分享,组织的各个阶层才能充分了解到企业现在所处的境况和管理的流程,在进行知识的交流和共享之中去进行知识的发散思考。这样才能持续不断地为企业提供新的创意,不断超越自己,保持自身的竞争优势。

对一个企业组织来说,没有创新就如同闭关锁国的清朝一般是无法长久的,创新的实质是要进行新的知识的创造,也是企业自身核心能力的一种资源积累。那么如何加强企业内外部之间的知识交流与共享呢?首先可以利用知识管理技术去建立符合企业实际的企业内部网(Intranet)或者知识地图,为企业组织的员工提供一个良好的平台,也可以成立学习型组织,为员工提供一个轻松自如的学习环境,激发员工的学习兴趣,也可以建立激励机制,鼓励员工进行知识创新,激发员工的创新激情等等措施,都可以提高企业知识创新的速度和效率。

(2)管理知识的来源渠道和知识的更新与生产

企业组织的员工或者是管理人员在知识管理的过程中要不断进行反馈,实践是检验真理的唯一标准。制定的策略对企业组

织是否有效都需要经过实际使用检验才能看出。发现漏洞的地方要进行补充,发现冗余要进行清除,发现不符合使用的知识要进行实时更新。

随着全球地域性的制约逐渐减小,企业面临的不仅仅是本国的竞争对手,外国的竞争对手也必须列入考虑范围之类,要想拥有远超竞争对手的优势和能力就必须保持企业的创新之火永不熄灭。企业的创新来源于企业的员工的知识创造,无论是信息还是知识,只要快人一步抢先掌握,那就获得了先机,企业就有极大的可能会抢先占据市场,拥有更多的市场份额,为企业带来超额利润。

所以要将企业的知识资源进行整合,将知识进行存放管理,只要是与企业有关的人员,不管是员工、客户竞争对手亦或是媒体等都是信息和知识的提供者和产生者,都需要将这些人员的知识资源进行管理,进行以知识创新为目的的知识生产。

(3)从外界获取知识,增强消化吸收知识的能力

知识管理的关键作用是将获取的所有信息转化为知识,根据知识制定决策,依据决策进行企业活动,企业活动才可能为企业创造实实在在的利润。从以上流程可以发现,企业所拥有的知识资源是企业可以获取利润的源头,因此企业知识资源拥有知识的多少以及知识的程度的高低是企业能够获取利益大小的决定因素。因此企业要不断进行企业知识资源的扩大。要完成这一目标,仅仅是进行企业自身的知识积累和生产是不够的,因为这种知识资源的范围性狭窄,获取的资源很是有限,还必须要进行外界知识的整合、生产、利用、储存以及共享等。任何与企业相关的人员,包括供应商、用户和竞争对手等利益相关者的报告、调查与意见都是企业知识资源的组成部分。

无可否认的是分工合作的出现使得企业的生产效率得到了

很大的提高,然而随着知识经济时代的到来,这种精细的分工使得各个部门之间以及部门的员工之间的沟通交流变得很少,企业组织结构呈现阶梯状,员工与上级与管理层之间几乎没有交集,信息的沟通阻碍重重。在这种状况之下,整合的信息资源也是散乱的,不成体系的。因此在进行知识资源的积累时,要确保组织的信息交流无障碍,能够形成企业本身的知识链,每个员工能贡献自己所有知识的同时也能分享到其他员工的知识,为企业知识的创新奠定基础。

(4)进行知识管理必须与企业产品、生产经营过程和管理过程有效结合

企业进行知识管理时,一定要考虑企业所在的外部环境因素:所占据的市场份额、市场的销售能力和销售渠道、消费群体的接受能力,从而将企业的产品与自己的市场环境相结合。企业的创新活动会产生新的企业产品、生产工艺,还可能会造成企业组织结构的改变。换句话说,企业进行创新不可能离开企业知识资源、企业产品的经营管理过程而单独存在。所以,企业在进行知识管理时要注意的一个重要问题就是要明确企业在创新时所需的知识资源与所要使用的管理过程,贯彻相应的开发和利用战略,保证企业的知识生产和知识资源的积累与扩大和企业的产品、服务、生产过程管理过程紧密结合,企业员工则根据自身以及产品需要去获取自己所需知识,将知识的力量发挥到极致。

(5)管理知识的处理过程

知识的处理是一个连贯的、统一的过程,并具有周期性,从开始生产到利用都与自然知识处理的过程一致。从这个方面上来讲,知识的处理过程被包涵在所有的知识生成中。因此企业的知识管理过程与自然知识管理过程是相统一的,都是包括知识的获

取、共享与利用过程。

就目前而言,管理人员已经发现知识管理并不仅仅对知识进行管理,而是对知识的处理过程进行管理。在这个处理过程中,知识的获取以及利用都能够为企业的知识资源做出贡献。因此企业在实施本企业的知识管理时,仅仅是建立几个数据库,对数据进行分类组合是远远不够的,更为关键的是要做好知识的分享,利用,再分享,再创造的过程,将企业知识进行提炼,总结精华,为企业的发展贡献力量,为企业创造利润。

由此可见,进行知识管理时,不能简单地停留在表面上,要深入理解知识管理所具有的特点,确定企业自身的组织结构,制定员工激励机制,创建员工学习型组织,充分发挥知识的作用,为提升企业的核心竞争力发光发热。

1.5.2 知识管理的研究主题

作为一门新兴的研究课题,知识管理的研究主题是变化和多样的。根据知识管理的概念、内容和职能等,我们可以概略总结出知识管理的研究主题。下面列出知识管理的一些较重要的和具有实践意义的研究主题。

(1)团体

众所周知的是,每一个组织中都会有一个管理阶层所组成的正式组织,与此相对应的组织内的员工自发组成的小团体,并不是正式的组织。在小团体内,员工可以进行知识经验的交流,对简单问题进行沟通解决。当得到管理层的认可与支持时,这种团体的存在方式就会对整个组织产生影响,因为这个团体已经在进行知识的获取、利用、共享和创新了。

（2）知识战略

在当今社会，知识的重要性不言而喻，它已经成为了企业立足的根本。然而，令人扼腕叹息的是很多管理者尚未完全清楚地认识到知识与战略之间的关系，仅仅将知识管理方案当做一个信息系统项目。许多中低层的管理者认为，只要我知道的比对手多，我就能走在对手的前面。这种认知对企业的发展是非常不利的，知识战略是为了解决什么样的知识对企业目前来说是最重要的，企业进行业务创新的支撑和不利因素有哪些，企业怎样有效地进行知识管理，知识管理的效果如何评价等问题。这些问题对企业的发展具有全局性和总结性。

（3）专家网络管理

现在许多行业都已经建立起属于自己的行业的专业网络，这些网络主要是利用信息技术而建立，具有社会性和专业性。依据管理学以及社会学所建立的网络称为专家网络。专家网络可以为企业解决一些业务流程上的问题，人力资源在专家网络中也具备了很大的功能特性。专家网络还考虑寻人技术在知识管理过程中所具备的作用和效力，一些商业案例成功的原因有哪些等。

（4）客户知识

早就有管理学的专家提出企业获取利润的关键在于顾客的满意度。让顾客满意就需要满足顾客的需求，企业要做的就是采取合适的手段和方法获取客户的需求信息，完成客户知识的获取。

（5）技术的目标

采用适当的知识管理技术将隐性知识透明化，充分利用企业知识资源进行知识的创造、共享和利用等就是目前企业知识管理所要达到的技术目标。

（6）知识经济

现代企业已经充分认识到知识是企业生存以及发展的关键因素，那么对知识的发展和研究持续不断地出现新的课题，促进知识经济的发展，为企业实现知识管理创造大的环境条件。

（7）推动创新

创新是企业能够保持长久发展和获取经济效益的保证。因此必须对创新进行推进。

（8）社会资本

社会资本的作用非常重要，不仅可以帮助企业创造经济效益，还可以对企业的资源进行扩大和补充，是进行知识管理时需要研究的内容之一。

（9）信息管理技术的应用

进行知识管理时离不开信息管理技术的支持。适当的信息管理技术能够使知识管理过程变得更加快捷和高效，为企业的管理效率的提高和加快知识的创新速度提供了一个有效的手段。

参考文献

［1］刘贵琴.图书馆知识管理［M］.合肥:安徽大学出版社,2007.

［2］储节旺,周绍森.知识管理概论［M］.北京:清华大学出版社;北京交通大学出版社,2005.

［3］李志刚.知识管理原理、技术与应用［M］.北京:电子工业出版社,2010.

［4］张兵.现代图书馆知识管理［M］.北京:知识产权出版社,2008.

［5］中国国家标准化管理委员会.知识管理第 1 部分:框架［M］.北京:中国标准出版社,2009.

［6］张润彤,蓝天,朱晓敏.知识管理概论(修订第二版)［M］.北京:首都经济贸易大学出版社,2007.

［7］韩经纶.知识管理［M］.天津:南开大学出版社,2006.

［8］钱军,周海炜.知识管理案例［M］.南京:东南大学出版社,2003.

［9］汪克强,古继保.企业知识管理［M］.北京:中国科学技术大学出版社,2005.

［10］包国宪.虚拟企业管理概论［M］.北京:中国人民大学出版社,2006.

［11］叶茂林,刘宇,王斌.知识管理理论与运作［M］.北京:社会科学文献出版社,2003.

［12］李东.知识型企业的管理沟通［M］.上海:上海人民出版社,2002.

［13］廖开际.知识管理原理与应用［M］.北京:清华大学出版社,2007.

［14］邱均平.知识管理学［M］.北京:科学技术文献出版社,2006.

［15］苏新宁等.组织的知识管理［M］.北京:国防工业出版社,2004.

［16］储节旺等.知识管理概论［M］.北京:清华大学出版社,2006.

［17］奉继承.知识管理理论、技术与运营［M］.北京:中国经济出版社,2006.

［18］樊治平等.知识管理研究［M］.沈阳:东北大学出版社,2003.

［19］张润彤,蓝天.知识管理导论［M］.北京:清华大学出版社,2005.

[20]张润彤,朱晓敏.知识管理学[M].北京:中国铁道出版社,2002.

[21]高洪深,丁娟娟.企业知识管理[M].北京:清华大学出版社,2003.

[22]林东清.企业知识管理理论与实务[M].北京:电子工业出版社,2005.

第2章　知识管理理论与模式研究

知识管理战略是为实现知识管理目标而采取的一系列规划和行动。知识管理战略将指导与促进知识管理所需资源（包括人力、结构和技术）的投资，也能重点支持知识管理所需的技能、文化变革、内容管理、技术与工具。它对于组织有效地进行知识管理，增强知识创新能力，提高核心竞争力起着关键作用。实施知识管理战略的前提是将知识作为组织的核心资源，从战略上加以重视，把组织生产经营活动和管理工作的重心放在管理组织的知识资源、生产知识型产品或提供知识服务上。

自汉森等人（Hansen et al.）率先提出两种知识管理战略，即编码化战略（codification）和人格化战略（personalization）后，许多学者，如舒尔茨和乔布（Schulz and Jobe）、扎克（Zack）、盖纳维利等人（Garavelli et al.）、布拉得古德和索尔斯伯里（Bloodgood and Salisbury）、奥斯本（Osborne）、奥戴尔等人（O'Dell et al.）、莫里森等人（Mouritsen et al.）、霍国庆等，都对知识管理战略进行了创新研究。目前知识管理战略主要包括知识编码化战略、知识人格化战略、知识创新战略、知识转移战略、知识保护战略、知识经营战略。

知识管理作为一门独立的学科，也是 20 世纪 90 年代才开始建立的。但从它诞生以来发展迅速，知识管理研究与应用已经横跨许多学科领域。本章将从知识管理的理论溯源、知识管理战略和知识管理模式三个方面进行论述。

2.1　知识管理的理论溯源

2.1.1　第一代知识管理理论

第一代知识管理①主要是以信息管理为中心，在管理的方法和技术上也基本沿用信息管理的。

1. 经典战略管理理论

20 世纪 60 年代初，美国著名管理学家钱德勒（Chandler）出版了《战略与结构》②一书，这也是有史以来第一次对企业战略问题进行讨论和研究。该著作研究了环境—战略—结构之间的关系。在这之后，针对战略构造问题的研究逐步加快，形成了设计学派（Design School）和计划学派（Planning School）两个学派。两个学派相比较而言 Design School 有更为持久的影响力。Design School 认为：首先，在制定战略的过程中要进行企业的 SWOT（优势与劣势、机会与威胁）分析；其次，战略制定的设计师应该是高层的经理人员，并且设计师们还必须监督和领导战略的具体实施和进行。Design School 的代表是安德鲁斯（Andrews）教授（哈佛

---

①　第一代知识管理理论主要包括了经典战略管理理论、竞争战略理论、核心竞争理论和信息管理理论，内容主要是围绕如何收集处理信息以构建核心竞争力，保持战略竞争优势展开的。

②　钱德勒在这部著作中分析了环境、战略和组织结构之间的相互关系。他认为，企业经营战略应当适应环境——满足市场需要，而组织结构又必须适应企业战略，随着战略变化而变化。

商学院)和他的同事们。他们认为经营战略使组织或者企业自身的条件与所遇到的机会相适应,并且在这个基础上主张将战略构造分为两大部分的基本模型——制定和实施。

2. 竞争战略理论

经典战略理论忽视了对企业竞争环境进行分析与选择。迈克尔·波特将结构(S)—行为(C)—绩效(P)的分析模式引入到了企业战略管理之中,提出了竞争战略理论,该理论以产业结构分析为基础。迈克尔·波特提出了由 5 种竞争力[①]合成的模型,认为产业的潜在利润和吸引力是这 5 种竞争力相互作用的结果。企业可以通过自己的企业战略对该合成模型产生影响,也对产业或者市场结构有影响。

竞争战略理论指出了制定竞争战略的重要性。然而,竞争战略论仍缺乏对企业内在环境的考虑。后来,迈克尔·波特认识到了这种缺陷,为了弥补原有理论的不足,迈克尔·波特在《竞争优势》一书中就从企业的内在环境出发,提出了战略分析模型。该模型以价值链为基础。但是,就价值链的分析方法而言,它主要方面重视不足。

3. 核心竞争力理论

正因为战略分析模型存在上述不足,因此以资源、知识为基础的核心竞争力理论便迅速地发展起来了。近年来,随着信息技术的发展,企业越来越重视自身资源和知识的积累,把战略转向企业内在环境,以形成核心竞争力。"资源观"(Resource-based

---

① 5 种竞争力分别是进入威胁、替代威胁、现有竞争对手的竞争及客户和供应商讨价还价的能力。

View)和"知识观"(Knowledge-based View)的相继提出促进了这种转变,形成的这种企业战略管理理论。该理论认为企业经营战略的关键在于培养和发展企业的核心竞争力。

4. 信息管理理论

关于"信息管理"①的概念,国内外存在多种不同的解释。信息管理的优势,就是竞争的优势。但是现在信息管理战略已经被知识管理战略所替代。

2.1.2　第二代知识管理理论

第二代知识管理,主要包括四大理论:人力资本理论、生命周期理论、嵌套知识管理理论和复杂性理论。其中最重要的是人力资本理论。

1. 人力资本理论

(1)人力资本理论发展的 4 个阶段及特征

1)人力资本理论的萌芽

早在二三百年前,许多经济学家就有关于人力资本思想的阐述,一直到 20 世纪 30 年代人力资本理论的雏形渐渐清晰。

威廉·配第(1623—1687)在其代表作《政治算术》中充分肯定了人的经济价值。

亚当·斯密(1723—1790)在其《国富论》(The Wealth of Nations)中初步提出并且比较系统地论述了人力资本的思想。这种思想对人

---

① 人们公认的信息管理概念可以总结如下:信息管理是为满足组织的要求,解决组织的环境问题,而对信息资源进行开发、规划、控制、集成、利用的一种战略管理。

力资本投资理论的形成起了决定性作用。

弗里德里希·李斯特提出了精神资本的理念,形成了现代人力资本的雏形。约翰·穆勒在《政治经济学原理》中提到影响劳动生产率的两个重要因素分别是技能和知识。

法国的莱昂·瓦尔拉斯(1834—1910)是较早使用"人力资本"概念的经济学家。新古典学派的著名代表人物英国的阿尔弗里德·马歇尔(1842—1924)等人也都对人力资本进行过论述。针对有关人的能力作为一类资本在经济学上的意义这一课题,马歇尔在《经济学原理》中提出了新的认识。他将人的能力分为"通用能力"(General Ability)和"特殊能力"(Specialized Ability)两种。阿尔弗里德·马歇尔认为:生产的主要要素是人,生产的唯一目标也是人,明确指出投在人身上面的资本的重要性,主张国家把教育事业作为一种投资,认为教育投资可以带来巨额利润,马歇尔对人力资本的经典论述是现代人力资本理论的形成的有利依据。

这些在人力资本领域研究的思想和观点是现代人力资本理论形成的重要基石。

2)人力资本理论的创立阶段

20 世纪 50 年代末和 60 年代初,人力资本理论终于确立并逐步形成了。

沃尔什(J. R. Walsh)于 1935 年第一次正式提出并论述了"人力资本"概念的。但是人力资本理论却是在经历了重重波折后才形成的。人力资本理论的形成可以分为两个阶段——宏观理论基础的确立阶段(代表人物是西奥多·W·舒尔茨)和微观理论基础阶段(代表人物是加利·S·贝克尔)。

3)人力资本理论发展的高潮阶段

卢卡斯、罗默、斯宾塞等人都在不同程度上进一步发展了人力资本理论。在这一时期比较有代表性的理论模型有：卢卡斯人力资本溢出模型、罗默的"四要素"理论和劳动力层次模型。

其中，劳动力层次模型比较好地解释了经济增长的动因。自然劳动力是基础，熟练劳动力是核心，而创新劳动力是关键。这三种劳动力的不同比例代表了劳动力的结构状况，它反映了经济结构的完善与否，并决定了经济发展的潜力。

4）我国对人力资本理论的研究

就我国人力资本的研究而言，一方面是传播人力资本理论；另一方面是利用它来解释一些经济现象。但人力资本研究和发展是很有前途的。

我国对人才资源的研究比较深入。提出了"科学人才观"和"人才强国论"，使人力资本理论更加走向实用化。

我们注意到，人力资本理论还存在一些缺陷：

- 概念不确定。
- 重知识，轻技能。
- 人力资本与资本的界限不清。

（2）人力资本是知识管理的核心

不同时代首要管理资源的演变如表2-1所示。因此，可以说组织通过知识资源获取竞争优势，必然就要获取人力资源优势；或者说组织获取知识整合优势的过程，也就是获取人力资源优势的过程。反之，组织获取人力资源优势的最终目的是获取知识资源的相对优势。组织运作中的关键是如何获取这种优势，这就涉及人力资源管理问题。

表 2-1　不同时代首要管理资源的演变

管理资源的内容	第一代：产品作为资产	第二代：工程作为资产	第三代：企业作为资产	第四代：顾客作为资产	第五代：知识作为资产
核心战略	职能孤立	与商业联系	技术/商业一体化	顾客研究开发一体化；与顾客并行学习	协作创新系统
变化因素	不可预测的运气	相互依存	系统管理（通过共同探讨商业投资组合决策）	加速的、非连续的全局性变化	万花筒式的动态变化
职能	职能至上	成本分摊	平衡风险/收益	生产率悖论	智力/影响
结构	等级式的职能驱动	矩阵式	分布式合作	多方位的实践团队	共生网络化（包括电子网络和人的网络），工作不同时代首要管理资源的演变
人	我们与他们之间竞争（尤其在预算分配中）	行动前的合作	结构化合作	关注价值和能力	自我管理（自我激励，以创造新知识为己任）的知识工储
过程	极少的交流	由项目到项目的基础	目标化的研究与开发/资产组合	反馈回路和"信息存留"	跨边界学习和知识流
技术	初始的	数据为基础	信息为基础	智能技术作为竞争性武器	智能知识处理者

人力资源（Human Resource）作为知识和技术的载体，是企业

资源要素中最具能动性的部分。良好的人力资源状况将为企业提供无穷的动力。人力资源管理（Human Resource Management，HRM）是企业知识管理实施的核心。

　　表明人力资源管理在一个组织中产生的影响的案例，如图 2-1 所示。图中明确表示出人力资源（HR）、研究与开发（R&D）、信息管理与技术（IM&IT）和企业范围的知识管理之间的关系。

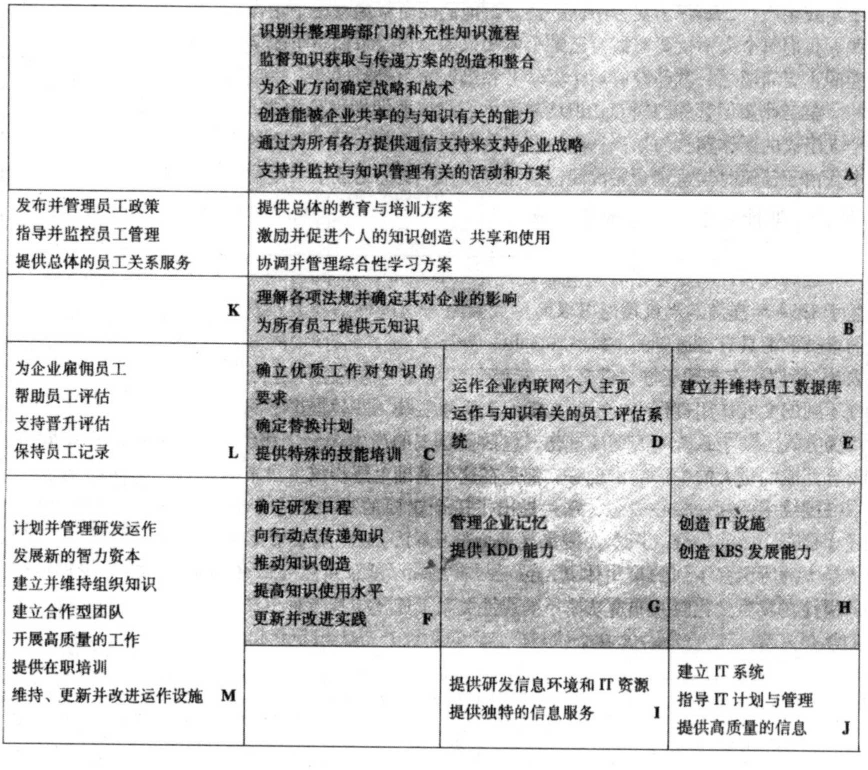

	识别并整理跨部门的补充性知识流程 监督知识获取与传递方案的创造和整合 为企业方向确定战略和战术 创造能被企业共享的与知识有关的能力 通过为所有各方提供通信支持来支持企业战略 支持并监控与知识管理有关的活动和方案　　**A**		
发布并管理员工政策 指导并监控员工管理 提供总体的员工关系服务	提供总体的教育与培训方案 激励并促进个人的知识创造、共享和使用 协调并管理综合性学习方案		
K	理解各项法规并确定其对企业的影响 为所有员工提供元知识　　**B**		
为企业雇佣员工 帮助员工评估 支持晋升评估 保持员工记录　　**L**	确立优质工作对知识的要求 确定替换计划 提供特殊的技能培训　　**C**	运作企业内联网个人主页 运作与知识有关的员工评估系统　　**D**	建立并维持员工数据库　　**E**
计划并管理研发运作 发展新的智力资本 建立并维持组织知识 建立合作型团队 开展高质量的工作 提供在职培训 维持、更新并改进运作设施　　**M**	确定研发日程 向行动点传递知识 推动知识创造 提高知识使用水平 更新并改进实践　　**F**	管理企业记忆 提供 KDD 能力　　**G**	创造 IT 设施 创造 KBS 发展能力　　**H**
		提供研发信息环境和 IT 资源 提供独特的信息服务　　**I**	建立 IT 系统 指导 IT 计划与管理 提供高质量的信息　　**J**

图 2-1　组织中知识管理与人力资源管理及其他部分的关系

说明：企业范围的知识管理，包括：A　B　C　D　E　F　G　H；
　　　研究与开发功能，包括：L　C　D　M　F　G　I；
　　　人力资源和基于能力的人力资源管理，包括：K　B　L　C　D　E；
　　　信息管理与技术，包括：D　E　G　H　I　J。

2. 其他第二代知识管理理论

其他第二代知识管理理论主要包括：

①生命周期理论（Life-Cycle）。

②嵌套知识域理论（Nested-Knowledge Domains）。

③复杂性理论（Complexity Theory）。

2.2　知识管理战略

2.2.1　知识管理战略的分析

知识管理战略规划可分为知识管理目标与愿景制定、知识管理现状评估、知识管理差距分析、知识管理战略制定 4 个子阶段，如图 2-2 所示。知识管理现状评估和知识管理差距分析用以诊断现状和分析需求，而知识管理目标与愿景制定以及知识管理战略制定则要确定知识管理的导入的总体策略。所以，现状评估和策略制定就成为知识管理战略规划模型的两个核心。

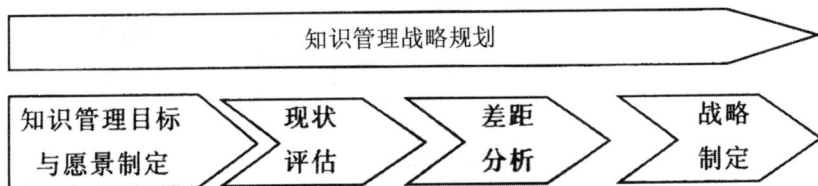

图 2-2　知识管理战略规划模型

本节讨论知识管理战略规划模型中的现状评估与差距分析。

1. 知识管理现状评估

组织知识管理现状评估包括两个方面：

- 组织知识资源现状。
- 知识管理能力现状。

（1）组织知识资源的定位

SWOT(strengths weakness opportunities threats)分析法是用于分析组织内外部环境对组织的影响，寻找内外部环境的协调和最佳配合，以制定组织经营战略的常用工具。组织知识管理战略的制定同样也可以应用 SWOT 分析法。因为组织要实施有效知识管理，其前提必须首先是辨识自己所拥有的知识结构与分布，然后分析市场对知识的需求，了解竞争对手的知识状况，从而发现组织存在的知识优势或者是知识劣势，进而有针对性地制定出有效的知识管理战略。

知识资源现状分析过程（见图 2-3）主要包括：

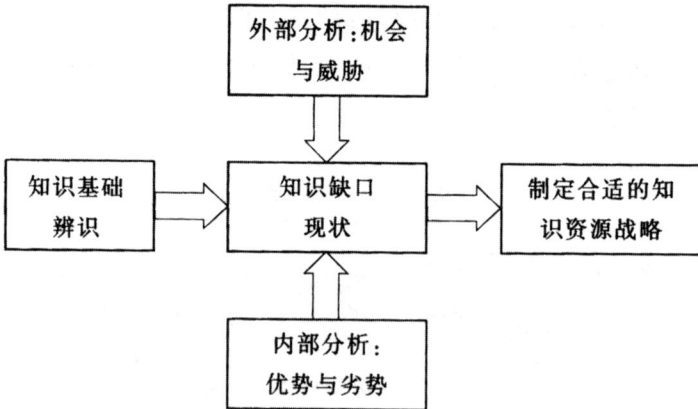

图 2-3　知识资源现状分析过程

- 辨识组织知识基础。
- 组织知识资源的定位。
- 明确组织知识缺口现状。
- 制定合适的知识资源战略。

根据互相之间的知识情况,组织可以定位于 5 种不同的竞争位置,如图 2-4 所示。

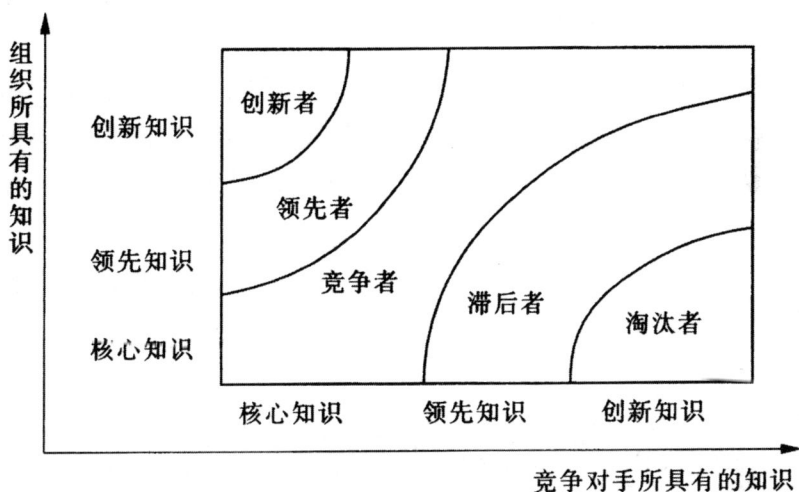

图 2-4　组织知识竞争位置的识别

(2)组织知识管理能力现状评估

在知识管理的战略规划中,首要的问题是要认识组织知识管理现状,从而得出组织知识管理的能力水平。知识管理能力现状评估的整体过程如图 2-5 所示。

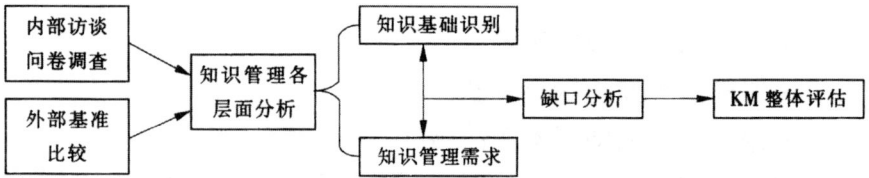

图 2-5　知识管理现状评估过程

2. 组织知识管理差距分析

　　组织知识管理差距分析包括知识管理能力差距分析和知识资源缺口分析。通常从知识管理的人、技术、组织、流程和知识资源等方面识别知识管理的不足。下面主要讨论组织知识资源的差距分析。

　　一般可以用知识的 SWOT 矩阵来识别组织的知识缺口和战略缺口，如图 2-6 所示。

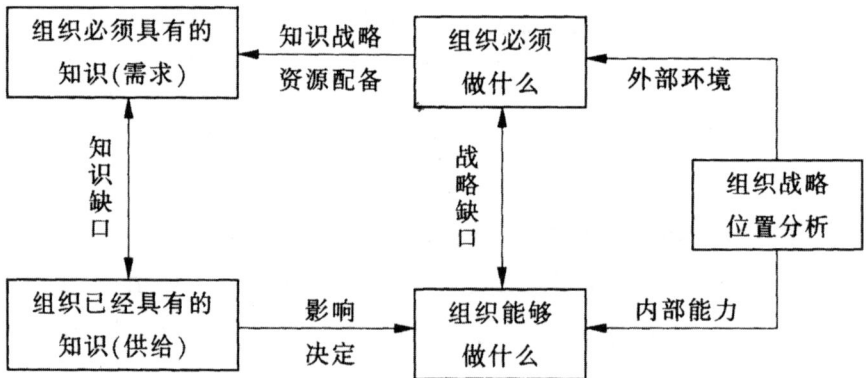

图 2-6　组织的战略与知识缺口分析

　　组织适应外部环境产生的知识需求与其自身条件形成的知识供给并不总是吻合的。这样，在知识的需求与供给之间就会存在差异,形成组织的知识缺口。

2.2.2　知识管理战略的目标

知识管理战略的基本目标有两个:

①创造一种有利于知识生产与共享的环境,通过组织安排和制度安排保证个人有价值知识的最大化和个人知识转化为组织知识的最大化。

②促使更多的组织知识转化为有市场价值的产品和服务,提高组织的核心竞争力。

从企业战略的角度来说,知识管理战略的最终目标是帮助企业获得持续的竞争优势,实现企业目标。一种有效的、清晰的知识管理战略有助于:

· 增加企业内知识管理的意识与理解,识别潜在利益。

· 为人们提供知识管理实施计划,通过开发流程与系统来获取分散的知识,吸引执行知识管理的各种资源。

· 获得高层管理者的承诺。

· 减少人员离开组织时知识资本的损失。

· 减少知识基础行为的冗余。

· 通过信息获取的规模经济效应降低企业成本。

· 通过更多的授权提高员工的满意度。

· 交流有效的知识管理实践,为人们提供评估工作业绩的基础;

· 通过更快、更容易地利用知识来提高生产力。

· 提高市场的竞争优势。

2.2.3　知识创新战略

1. 知识创新战略的含义

知识创新战略是为了塑造组织的核心竞争力和获得战略竞争优势所选择和执行的一系列整合的知识创新目标和行动。知识创新战略的形成和实现是一个由五阶段组成的管理过程,如图 2-7 所示。

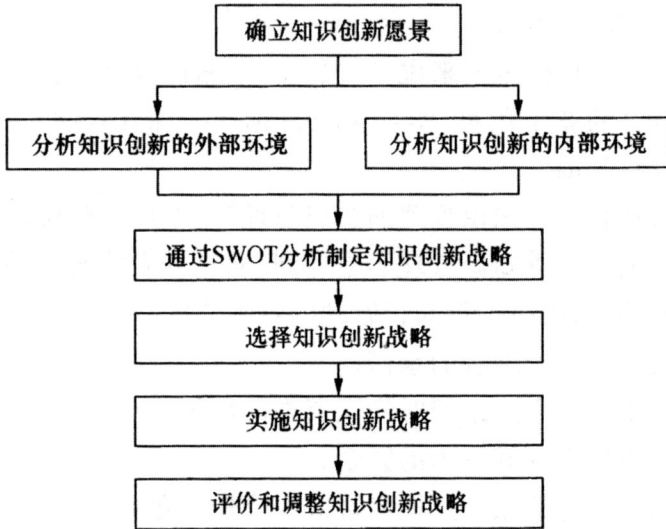

```
┌─────────────────────┐
│    确立知识创新愿景      │
└─────────────────────┘
     │              │
     ▼              ▼
┌──────────────┐  ┌──────────────┐
│ 分析知识创新的外部环境 │  │ 分析知识创新的内部环境 │
└──────────────┘  └──────────────┘
          │
          ▼
┌─────────────────────────┐
│  通过SWOT分析制定知识创新战略   │
└─────────────────────────┘
          │
          ▼
┌─────────────────────────┐
│      选择知识创新战略         │
└─────────────────────────┘
          │
          ▼
┌─────────────────────────┐
│      实施知识创新战略         │
└─────────────────────────┘
          │
          ▼
┌─────────────────────────┐
│     评价和调整知识创新战略      │
└─────────────────────────┘
```

图 2-7　知识创新战略管理过程

确立知识创新愿景需要处理好组织知识创新战略与组织整体战略的关系。一方面,组织整体战略规定了组织知识创新战略的基调;另一方面,知识创新战略的制定与实施必然影响组织整体战略的内涵。这时,需要遵循下述原则:

- 要确保知识创新战略与组织整体战略的一致性。
- 要有利于建立统一的组织文化或环境。
- 要能够使组织成员清楚地认识组织知识创新的目的与方向。
- 要能够为创新资源配置提供基础或标准。
- 要有利于知识创新团队的建设。
- 要有助于知识创新绩效评价。

知识创新战略分析包括三个方面：

- 外部宏观环境分析，主要从政治、经济、社会文化和科技等方面分析组织知识创新面临的机遇和威胁。
- 竞争环境分析，主要从供应商、顾客知识需求和知识资源、知识创新领域的竞争对手、合作伙伴等方面分析组织知识创新的相对竞争优势与劣势，明确组织知识创新的发展方向和发展重点。
- 内部环境分析，主要从组织资源、能力和核心能力等方面分析组织开展知识创新的基础条件以及知识创新领域的优势和劣势。

知识创新战略分析的关键是确定企业知识创新战略的关键成功因素，并对这些因素进行动态监控和评价，为知识创新战略的制定、实施和调整提供保障。

知识创新战略的选择是在知识创新战略分析的基础上寻找和选择最终的知识创新战略。这时要考虑如下因素：

- 慎重选择战略分析工具，同时要将直觉或经验判断与科学的分析结合起来制订和选择战略方案。
- 分析知识创新战略选择过程中的文化因素，尽量不要与组织文化发生冲突，若存在冲突，就要寻求战略变革来改变组织文化。

• 要谨防政治权力与权术活动干扰正常的知识创新战略选择,要通过有效的沟通争取企业领导者和利益相关者的支持,同时通过交流和引导等方式使知识创新团队能够超越团队利益,把组织利益放在首位。

• 要树立风险意识,尽可能考虑到各种不利因素和不确定因素,制订应变方案并加强应急管理培训。

• 要进行财务分析,分析知识创新目标和创新战略的选择。

知识创新目标主要包括:

• 提高产品的知识/技术含量。

• 改变流程/工艺的性能。

• 提高知识创造能力。

• 增强竞争优势。

• 促进组织知识转化等。

知识创新战略的主要任务包括:

• 制定组织知识创新的年度目标。

• 制定和调整知识创新政策。

• 培育支持知识创新战略的组织文化。

• 建立知识创新组织和组建知识创新团队。

• 制定知识创新预算,科学配置知识创新资源。

• 培育知识创新氛围,激励知识创新行为。

• 支持组织业务和管理变革。

• 营销创新产品,开拓创新产品市场。

• 建立现代化的知识创新平台。

知识创新战略的控制是对知识创新活动与过程的控制,主要任务包括:

• 考察组织知识创新战略的基础,即对组织内外部环境进行动态监控和分析,对照战略制定时的内外部环境分析环境变化程度,为战略评价和调整提供客观依据。

• 创新战略评价,对比分析既定的创新战略目标和实际的创新结果之间的差距,分析造成差距的原因。

• 创新战略调整,结合创新战略环境的变化和创新战略评价结果,确定是否调整创新战略以及具体的调整政策。

创新战略控制的关键是要建立有效的创新信息反馈系统,制定创新评价系统,建立规范的创新评价制度。

2. 案例分析——海尔电冰箱知识创新战略

海尔集团在 1984 年 12 月刚刚创业时,是一个资不抵债、濒临倒闭的集体小企业,如今已经发展壮大成为世界第四大白色家电制造商、中国最具价值品牌的特大型企业。海尔的高速发展很大程度上依赖于创新,正如海尔集团 CEO 张瑞敏所说:"创新是海尔持续发展的不竭动力。"海尔确立了以观念创新为先导、以战略创新为方向、以组织创新为保障、以技术创新为手段、以流程再造为活力、以市场创新为目标的创新体系。这里仅以海尔电冰箱技术创新为例来予以说明。

海尔电冰箱技术创新过程中的各阶段呈现出了不同的特点,如表 2-2 所示。

表 2-2　海尔电冰箱技术创新过程各阶段的特点

阶段 比较项目	模仿创新阶段	创造模仿阶段	改进创新阶段	二次创新阶段	自主创新与合作创新相结合阶段
产品种类	产品单一	标准产品系列化	产品多样化	产品门类非常齐全	新型环保智能产品

续表

阶段 比较项目	模仿创新阶段	创遗模仿阶段	改进创新阶段	二次创新阶段	自主创新与合作创新相结合阶段
主导战略	尽早打人本地市场	以低成本、高质量扩大市场,通过代理打开海外市场	以直接出口方式积极拓展海外市场	海外市场设计、生产、营销二位一体	实现从单项技术突破到集成创新的发展
管理焦点	产品质量	降低成本	改进产品性能	增强创新意识	人单合一
管理模式	提出"十三条厂规"	实施全面质量管理	提出"日清日高、日事日毕"理念	提出市场链理念、全员战略业务单元理念	"T模式"
研发活动重点	掌握国外引进技术	生产工艺的创新,零部件的国产化	对已有技术的改进	不同技术的整合创新,跟踪世抖前滑技术	开发具有自主知识产权的高端产业
技术策略	直接购买国外生产线	反求工程	以"吃休克鱼"的办式兼并国内相关企业,获取技术资源	与因外厂商以及机构组建技术联盟,海外设立研发中心	自主开发或联合开发
创新动力	内部技术瓶颈	本地市场需求	新市场需求	潜在的市场需求。新兴的相关技术	建立全球化品牌
主要创新类型	基本无创新	工艺创新	改进性产品创新	产品组合创新	自主创新

但要准时完成分解的目标,而且要形成团队的合力,使海尔由数万个不断上升的创新主体汇聚成一个庞大的、动力不断增强

的自主创新企业,实现企业总的目标。在此阶段,海尔每年申请的专利数不断增长(见图 2-8),企业自主创新能力显著增强。海尔不仅创新产品,而且创新国际化标准,使自己拥有行业竞争的更多话语权。2005 年海尔"双动力"洗衣机首次以中国家电自主品牌的身份被纳入国际 IEC 标准提案。2006 年 11 月 27 日,海尔热水器防电墙技术标准被国家标准化委员会采纳,并于 2007 年 7 月 1 日在国内开始强制执行,这是中国家电史上第一个由企业专利转化而来的国家标准。该标准于 2008 年 1 月顺利通过国际电工委员会(IEC)TC61 大会一系列的审定程序,将被正式写入《家用和类似用途电器的安全储水式电热水器的特殊要求》(IEC 60335-2-21)的最新版本中。海尔凭借其热水器产品研发的专利防电墙技术成为改写国际标准的首家中国家电企业。另外,由海尔主导制定的《网络家电通用要求 QB/T2836-2006》(E 家佳)被国家发展和改革委员会批准为家电行业新标准,并从 2007 年 8 月 1 日起实施。

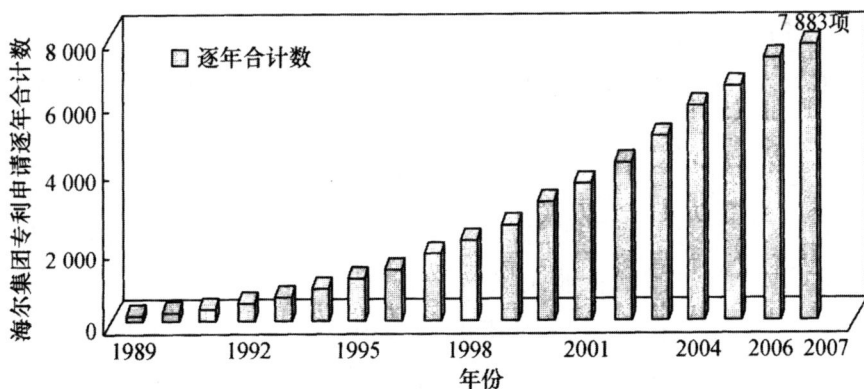

图 2-8　海尔集团专利申请逐年合计数

2.2.4 知识转移战略

1. 知识转移战略的含义

知识转移是把知识从知识源转移到组织其他人或部门的过程。知识转移战略可简单地理解为实现组织内的知识转移所进行的整体规划与谋略。

企业知识转移的战略模式可分为横向知识转移模式、纵向知识转移模式和沉淀式知识转移模式。横向知识转移模式是指在企业内部员工之间、部门之间、子公司或分公司之间以及企业同外部供应商、客户、合作伙伴、竞争对手、其他利益相关者和社会大众之间所进行的知识转移。其最大特点是知识源单元和知识接受单元之间处于平等地位，不存在控制与被控制的关系。它又可以根据知识转移的范围分为内部横向知识转移模式和外部横向知识转移模式两大类，前者是指源自企业内部的知识或从外部引入的知识在企业内部各子公司或分公司、各部门以及员工之间的转移；后者是指企业与外部供应商、客户、合作伙伴、竞争对手、其他利益相关者和社会大众之间的知识转移。

纵向知识转移模式可根据知识转移的路径分为自上而下、自下而上、自中而上而下的知识转移模式三类。自上而下的知识转移模式，是指知识从企业决策者向管理者再向执行者转移。它是最普及、最自然和最有效的知识转移模式，所有企业都可以采用此方式实现知识的转移。自下而上的知识转移模式，是指知识从企业执行者向管理者再向决策者转移。自中而上而下的知识转移模式，是指由居于中层的管理者发起、经上层的决策者认可并向基层的执行者转移知识。

沉淀式知识转移模式是指把源自企业内外部的知识转化为管理者和员工的知识，并经他们的各种活动而沉淀下来并固化到企业的产品、服务、品牌、业务流程、技术系统、管理系统、企业文化和企业形象等之中。

2. 案例分析——巴克曼实验室的知识转移

巴克曼实验室（Buckman Laboratories）是经国际标准化组织（ISO）认证的、专门生产供纸浆与造纸、水处理、皮革业使用的化学药品公司。该公司成立于 1945 年，公司总部设在美国田纳西州的孟菲斯（Memphis），拥有来自于全球九十多个国家的客户。自 2003 年起巴克曼实验室连续三年荣膺由特莱奥斯（Teleos）——一家独立的知识管理与智力资本研究公司组织评选的"全球最受赞赏的知识型企业（MAKE）"。巴克曼实验室致力于问题解决方案、业务与技术计划、产品与流程开发、知识共享、安全、健康与环境管理方面的持续改进，为客户提供更好的服务，特别是在知识转移方面成为大家学习的楷模。

继 1982 年巴克曼实验室作出以顾客为中心的战略调整后，1989 年公司首席执行官鲍勃·巴克曼（Bob Buckman）承诺：要使知识成为公司竞争优势的基础，并明确了新的知识转移任务机制，这包括：

- 完善所需的知识结构来确保企业目标的实现
- 通过信息技术来概括、编辑、储存、分析、转移和实现巴克曼用户的知识。
- 把知识库里的知识转移成有价值的信息技术项目。
- 评估这些项目的全球机遇和发展可能。这种承诺与知识转移任务机制促使公司通过知识管理实践（见图 2-9）实现知识转移，主要体现在如下三方面：

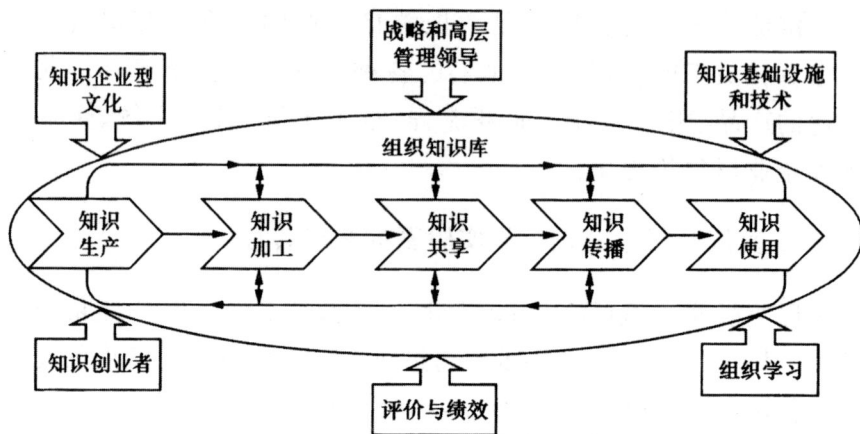

图 2-9　巴克曼实验室知识管理实践

（1）成立知识转移中心

在巴克曼实验室，需要共享与转移的知识包括客户知识、竞争情报、流程知识和产品知识，它们可分为事实公司知识与行为公司知识。事实公司知识包含技术与市场诀窍，它们是结构化信息的积聚，并可用正规的流程来进行传递；行为公司知识超出知识从一个组织到另一个组织的简单传递，包含协调个人与组织社会交互的心智模式。至关重要的是巴克曼实验室的专有知识，它们受专利与商业秘密的保护，已被编码且可以通过许可和商业化得到更多使用。许多公司隐性知识，隐藏在公司专业人员与组织文化中。

为支持显性知识与隐性知识的共享和加速企业知识扩展的进程，巴克曼实验室于 1992 年联合信息服务、联络部门和技术信息中心组成了知识转移中心（KTD），把原来的研发技术信息中心更名为知识信息中心（KIC），后又更名为知识资源中心（KRC）。

知识转移中心的目标是：

• 加速世界各地巴克曼实验室员工知识的积累与传播。

• 提供巴克曼实验室全球知识库的方便且快捷访问。

- 激励员工在服务客户中体验企业知识分享的价值。

- 减少交流的时空约束。

- 培育促进职业发展和承认每个人是服务团队中的尊贵成员的环境,尊重每个员工。

1995 年,鲍勃·巴克曼规定了知识转移中心的七条工作原则:

- 必须减少知识从一个人到另一个人的转移环节,最大限度地减少知识在传递过程中的失真。

- 应该让每个人都有权访问企业的知识库。

- 应该允许每一个人向系统里添加知识。

- 知识库应该全天开放利用。

- 知识库应该能让那些不是电脑专家的人也能使用,而且可以通过每一个词进行检索。

- 知识库应使用用户能够理解的语言。

- 问题会自动增加到知识库中,对技术知识的整合在未来是对知识库的扩展。

知识转移中心采取的第一个措施就是把整个公司网络搬到一个公共在线服务网络上。公司给每一个巴克曼的销售人员配置了一台带有调制解调器的笔记本电脑。知识转移中心为经常更换办公场所的员工开发了一种类似于图书馆检索平台的系统,这样,他们可以用书签等技术来标注出为不同国家而设计的细节。所有的巴克曼员工都拥有一个用户名,可以通过点对点的连接来和部门负责人通电话。同时,知识转移中心开始在网络服务器平台上建立 K'Netix。K'Netix 的最初目标是使网络操作变得简单,它是为那些不是电脑专家的员工设计的,因为担心有些员工因不易改变现有操作流程而不使用网络。

(2)运用 K'Netix

K'Netix 是巴克曼实验室的知识创造与共享系统。基于

K'Netix,巴克曼全球知识转移网络建立起来,通过支持七个论坛（三个客户中心论坛和四个地区中心论坛）协调巴克曼的在线交流。K'Netix 由组织论坛与编码知识库两部分组成。这些知识库有多种形式,从知识工作者拥有的相对松散的且被组织起来的技能,到支持知识系统应用的、严密表示的知识。它们持续支持知识的生产、加工、存储、使用和传播。

　　K'Netix 是以客户为中心、动态灵活、结构化的多维系统,拥有相互联系的多种数据库,比如有关客户及其生产流程信息的各种资源库、电子论坛及其图书馆、虚拟讨论室、电子邮件与公告板,支持被时空分隔开来的同事们之间的快速知识交流。K'Netix 形成了一种反馈回路（见图 2-10）,在听取客户意见后,与某个领域相关的技术、销售人员或在场的同事不能解答的任何咨询,都将公布在论坛上。

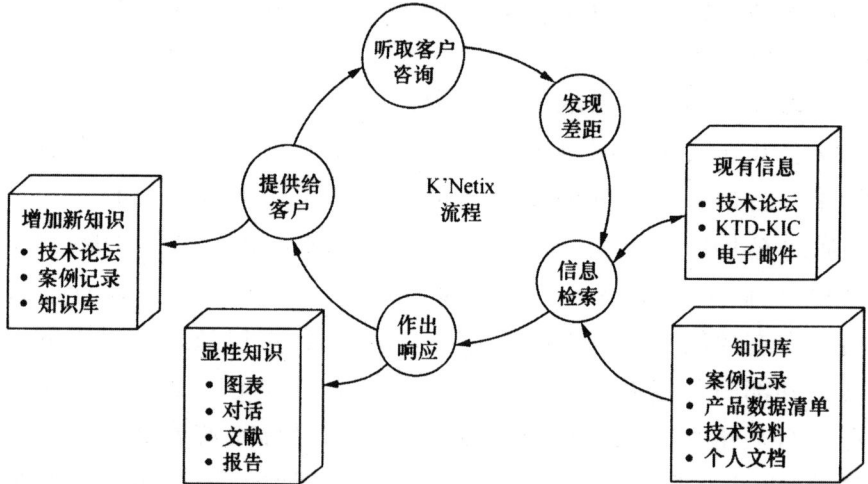

图 2-10　巴克曼实验室的知识共享流

　　每个论坛都配有专业人员,包括论坛负责人、资料管理员和系统管理员。他们共同负责回答客户提出的问题或者将问题转给某些能回答的人。其中,资料管理员阅读所有消息,并尽量主动去回答那些用图书馆资源能回答的问题。但是,如果 24 小时后,客户的请求(或询问)仍未从资料管理员或者巴克曼实验室的其他机构那里得到回应,系统管理员就会将请求(或询问)转给论坛负责人,该负责人必须找到能对此有所回应的人。只要对某请求有积极的讨论,该请求就将保存在论坛上,只有当它被认为"已完成"时才能拆下来进行知识加工。这种对请求进行讨论的结果常常是产生新知识。不过,这些新知识常常是部分重叠的,有时甚至是不准确的。因此,在把这些知识上传、存储在知识库中之前,论坛负责人和部门领导将需要组织、确认、验证这些知识。这些过程促进了有经验的员工的隐性知识在组织内得到广泛的共享。另外,更重要的是它允许在第一线的员工继续服务客户的同时,特殊团体可以获取与再利用他们的知识。

　　巴克曼实验室还采取其他相应措施促进技术论坛更有效地转移知识。例如,当销售员或现场人员抱怨他们没有时间阅读大量消息时,论坛专业人员就把技术论坛每个小组的交流消息以周报的形式出版。这为那些想了解论坛中所共享的知识的用户,提供了另外一种简便的选择方式。

　　这里用一个小故事说明巴克曼实验室员工是如何使用技术论坛来转移知识的。

　　巴克曼实验室亚洲区总经理丹尼斯·达顿(Denis Dutton)正在整理树脂控制项目建议书,该建议书将提交给一个潜在客户——印度尼西亚的一个纸浆生产工厂。软木和硬木中含有树脂,在把木材变成纸浆,然后用纸浆生产纸板和纸张的过程中,必须用酶或其他分散剂除去树脂。困难之处在于树脂的含量因树而异,即便同是沿海生长和热带生长的树的树脂含量也各不相同,所以纸浆厂必须寻找适合木材的化学品和工艺。如果树脂去除不充分,那么纸浆会有玷污。

丹尼斯·达顿想把巴克曼实验室的产品和工艺卖给印度尼西亚的纸浆厂。这些产品和工艺能减少该工厂目前纸浆中树脂颗粒的数量,并能减少生产成本。他虽然对建议书有了很多想法,但是他希望通过利用巴克曼实验室的经验来完善项目建议书。于是他在"纸浆和纸"技术论坛上提出了一个请求:

我们将向印度尼西亚一家每天生产 1700～2000 吨漂白纸浆的工厂提出一个关于树脂控制项目的建议。我们将按每吨纸浆的成本,而不是每公斤化学品的价格评估成本绩效。这将允许工厂全部使用我们的树脂控制系列产品,而不是锁定在某个产品上。如果能告诉我你们那里近来成功的树脂控制战略,或者是长期运营项目的进展情况,我将非常感激,我们想在印度尼西亚的项目中参照这些。非常感谢你们的帮助。

丹尼斯·达顿第二天就得到了两个回应,并在两个星期内共得到 11 个回应。回应来自瑞典、英属哥伦比亚、新西兰和墨西哥。有些回应提供了资料,比如,如何联系到具备这方面知识的人,或是一篇关于这个问题的硕士论文;有些则详细说明了他们近来刚测试的某种特殊化学品,并提供了他们所得到的结果;很多人还在邮件上附上了非常详细的文档。几乎所有回应的结尾都表示:如果需要更多的细节或其他信息的话,欢迎来电话。

丹尼斯·达顿把许多回应融入他的项目建议书中,而印度尼西亚的纸浆厂也打算购买巴克曼实验室的产品。在丹尼斯看来,是回应客户的速度使他战胜对手,获得了销售订单。

"纸浆和纸"技术论坛的系统管理员整理所有的回应,然后把它们放到论坛上,并请部门经理写出概要和关键词,按线索归档,这样就建成了一个有助于解决问题的回答。这些回答不仅为丹尼斯的项目带来了好处,而且还有益于许多其他的树脂控制项目。

(3)建立学习中心

在任何时间,86%的巴克曼实验室员工走出办公室服务于客户。为解决此问题,公司决定建立学习中心以传递与促进世界级的培训和教育机会,不管员工在何时身处何地,只要他们有需求,就可提供这种学习机会。学习中心的理念不仅要求组织适应变化中的外部环境,而且涉及如何学习与积累经验。学习中心允许同事们管理个人职业发展,且利用有效方式把新知识与技能传授给员工。

不同地方的分支机构之间借助网络联系,全球各地设立的众多分支机构使巴克曼实验室成为多元文化的团体。各地的合作伙伴与他们一起工作,创造并优化了一些分布式学习方面的产品和服务。基于这种知识共享环境,并在信息技术的帮助下,1997年巴克曼实验室成立了多语言在线学习中心——"Bulab 学习中心"。该中心引发了新的学习方式,并对原有的培训和开发模式形成挑战。学习中心的内容从短期培训、参考资料到高级学位,来自于世界上(美国、墨西哥、英国、巴西)最好的大学。学习内容与方向是根据巴克曼实验室同事们的需求制定的。由于巴克曼实验室把个人发展职责转移到单个同事,伙伴驱动就成为组织学习成功的关键。这种伙伴驱动型学习赋予同事们随时随地使用在线学习的能力,以便他们在工作中获得成功。因此,通过学习中心,人们的学习动机得到了强化,而该场所又提供了足够多的知识去满足这种学习动机。这种氛围与场景的营造使得学习、知识转移与知识获取在个人和组织两个层面上同时得到加速,而这种加速提升了公司的创新与竞争能力。

2.2.5 知识经营战略

1. 知识经营战略的含义

知识经营战略①即把知识管理作为组织的经营战略来看待，这是一种最全面的和最广泛的知识管理途径。

知识价值转移战略是组织将内部生产的知识转移到外部客户的价值活动中，通过支持或带动客户的业务和管理活动，进而实现客户价值最大化和自身利润最大化的一系列承诺和行动。为此，它需要解决组织知识价值链与客户知识价值链的对接与协同。核心目标是：实现客户价值最大化和企业利润最大化。

知识价值增值战略是组织利用内部生产的知识来满足自身的知识需求的一系列承诺与行动。其战略核心是全面提升组织的智力资产价值，通过智力资产的流转和应用，提高组织有形产品的知识含量，增加有形产品与服务的差异性，提高组织人力资源的素质，塑造和强化组织核心能力，同时积累更多的智力资产，实现智力资产增值。核心目标是：实现智力资产价值最大化，支持组织有形产品的差异化战略，提高组织声誉与市值。

知识联盟战略是组织利用外部联盟伙伴生产的知识以满足组织本身及其客户的知识需求的一系列承诺与行动。核心目标是：实现组织价值最大化，提升组织核心竞争力，实现知识联盟价值最大化。

---

① 采用这种战略的组织认为知识管理是组织发展和竞争力的关键，他们通常把知识视为产品，确信知识管理将对组织的赢利甚至生存产生深远与直接的影响，因此不遗余力地推行知识管理战略计划。

2. 案例分析——新西兰储备银行知识经营之路

1999 年,新西兰储备银行(Reserve Bank of New Zealand)面临来自于关键职员离职所造成的知识损失的巨大压力。这主要有两方面的原因:一是只能从全球有限的专业技术员工中招聘员工;二是职员积累起丰富的新西兰储备银行知识及其操作的平均服务时间至少要 9 年。为应对这种挑战以及其他方面的挑战,银行开始实施持续的知识管理计划,投入大量资源,在银行愿景上建立知识管理框架,这种框架可以引导银行识别组织内潜在的改进领域。银行知识战略包含几个关键先期计划,其中最重要的计划是改变组织文化。其他计划包括把银行联络管理合并成一个单一系统。如今,某些计划已经完成,其他计划仍在进行之中。现在银行的挑战是要实现知识管理从结构化流程向非结构化流程的转变,并且在平衡可利用资源中保持以知识管理为中心。在没有必要增加专门的知识管理部门的前提下,银行还必须考虑怎样最好地推进计划,识别各种方式以促进知识管理战略不断向更高层次发展。

(1)背景

新西兰储备银行是完全由新西兰政府拥有的国家中心银行,其使命是确立对新西兰货币和国家货币体系稳定性与完整性的信任,有三种主要职责:

- 满足公众对货币流通的需求。
- 建立和维持合理、有效的金融秩序。
- 执行货币政策,保持物价稳定。

在 20 世纪 90 年代,储备银行大约有 800 名员工,其中许多已经在银行工作了相当长时间,有的达 40 年。到 90 年代末,随着技术的快速发展和经济的全球一体化,银行职员离职逐渐增多了。开始时主要是操作领域的员工,他们离职所引起的知识损失不是关键性的。因为在这些领域,许多知识已经通过文件流程和工艺规程得到获取。然而,当与政策有关的员工开始离职时,问题变得很严重,必须考虑如何处理由此所造成的潜在知识损失。2002 年,储备银行审查了人力资源与公司政策,目的是确保在改变优先权方面的灵活性。通过裁员计划,2005 年银行员工只有 220 名左右,以确保银行拥有合适的人员、系统和结构。

储备银行的工作性质要求一系列的专业技能,而这些技能不是轻易能够在新西兰得到的,主要是因为每个国家只有一个中央银行,不能拥有大量具有专家技能组合的个人,如宏观经济与银行监管都需要这些人才,因此,新西兰储备银行招聘的员工实际上仅是来自于世界上其他中央银行的专业技术员工。

除专业技术员工的稀少外,储备银行员工的平均服务时间超过九年。在此期间,员工积累了丰富的储备银行知识及业务经验,从而引起了部门关键人员知识损失的高风险问题。这种风险披露和裁员计划的后果是,储备银行意识到必须采取行动来降低知识损失的风险。

(2)先期活动

在确立企业愿景后,储备银行的第一步是建立企划案来推进知识管理计划。考虑到无形收益和计量或评价计划潜在结果的困难,知识管理计划的确立是很困难的。虽然政府愿景和国家驱动是储备银行愿景的关键支持资源,但是它们并不能建立直接的、承担知识管理计划的企划案。然而,储备银行所具备的半政府部门身份,能够影响政府在建设知识经济和把公共企业作为知识经济的促进者等方面的利益,这对储备银行特别重要。通过强调在公共部门的领先的重要性,储备银行能够使自己的企划案增添巨大的影响力。

在储备银行通向知识管理的进程中,一个最重要的步骤是知识服务小组的建立。这个服务小组包含各部门职员,负责识别知识管理的重要性,以及组织、执行与维持知识管理实践。储备银行指定约吉斯·阿南德(Yogesh Anand)作为信息主管,其作用是领导知识服务组,全面负责该组的知识管理、信息管理与技术。阿南德的一个关键作用是主管知识管理愿景和理解这种愿景对储备银行意味着什么,然后推敲愿景,详细制定愿景,最后把理论付诸行动。

从一开始,知识管理计划的投资就来自于所有层次。银行行长亲自发起该计划,这种高层支持对于向所有职员传达该计划的重要性很有帮助。同时,来自于图书馆和记录管理领域以及银行其他部门的员工集中起来,构建了一个非正式的基层网络。这个网络密切注意知识管理理论的发展,并被列入早期的实践社群,这种实践社群被认为是知识管理的关键要素。其他关键要素包括储备银行已经确认的员工信任、合适的社会规范和组织文化。

(3)建立知识管理框架

至此,储备银行已经建立了愿景,成立了知识服务小组和非正式的知识管理友好型网络。然而,储备银行发现,虽然知识管理得到大量讨论,并且意识到知识管理对组织是有益的,但是很少有组织实际上实施了知识管理计划,许多组织完全不知道从何处着手进行。储备银行认为最合理的出发点是理解知识管理、调查全球最佳实践观点、识别最适合于储备银行的优先开发流程或框架。知识管理框架的建立可帮助组织了解那些实际可行的知识管理计划类型,并识别那些最适合于组织情境的计划。

为促进这种开发,在外部个人带来世界其他地方正在发生的知识管理最佳实践和知识的帮助下,储备银行设法开发自己的本地网络。然而,储备银行的一个重大担心是流程所有权控制的丧失。为了实现受任命者潜能的最大化,储备银行决定让个人访问已建立的网络和由单个组织确保个人服务的安全。这样,储备银行就可利用其他组织有关知识管理的重要信息,而且这种信息的评估有助于储备银行建立自己的知识管理战略。

（4）战略开发

储备银行知识管理的战略目标是通过系统、流程和人员,建立、培育和全面利用知识资产,并把它们转化为价值,如知识型产品和服务。储备银行利用12周的时间把知识管理框架转变成可行的战略,包括四个主要阶段（每阶段三周）,涉及检查组织文化、结构和需要进行改变的基础设施。

在第一阶段（最初的三周）,知识服务小组与外部顾问一起收集和审查知识管理数据和世界各地的最佳实践；第二阶段以内部数据收集为中心,在组织内举行一系列结构化访谈和专题讨论会,来研究每种功能所需的知识和识别焦点领域知识（见图2-11）,同时从许多非正式网络成员那里收集其他信息,这些成员在战略开发之前已经见过面,拥有与基层知识管理观念有关的重要信息,可以帮助识别储备银行知识共享的现有障碍。

战略开发很困难的一个方面是识别每种职责中需要得到管理的专有知识。为了克服这种困难,可以把通过采访和专题讨论会收集到的信息按照三类,即结构化信息、非结构化/半结构化信息、经验/知识组织起来。这三种类型还可根据收集、存储、访问、共享和使用进行分析（见图2-12）。

国际组织

外国经济信息
IMF 特别数据发布标准月度产量
IMF 与经济合作与发展组织报告
学术文献

图例说明：
U: 非结构化/
半结构化信息
S: 结构化信息
E: 经验/知识

外部预测

企业参访

房地产信息
调查预测
外部经济指标
投资意向 (U)
总体活动水平 (U)
行业问题观点 (U)

经济部门

专门研究 (U)
每日报告与图表

货币政策
董事会

行长

活跃的主意 (E/U)
国际经验 (E/U)
每日市场报告 (U)
汇率 (S)
利率 (S)
债券利率 (S)
汇票贴现率 (S)

专门研究 (U)
每周市场报告

宏观
数据

银行

财政部门
调查数据 (S)

知识服务
小组

金融市场
部门

银行稳定性评论 (U)

银行系统
部门

董事会

新西兰
统计

市场合约

趋势、流程、主题

彭博资讯、
路透社等

市场价格
新闻 (U)
评论 (U)
汇率 (S)
条例 (S)

特别研究 (U)
董事会文件 (U)

金融服务
小组

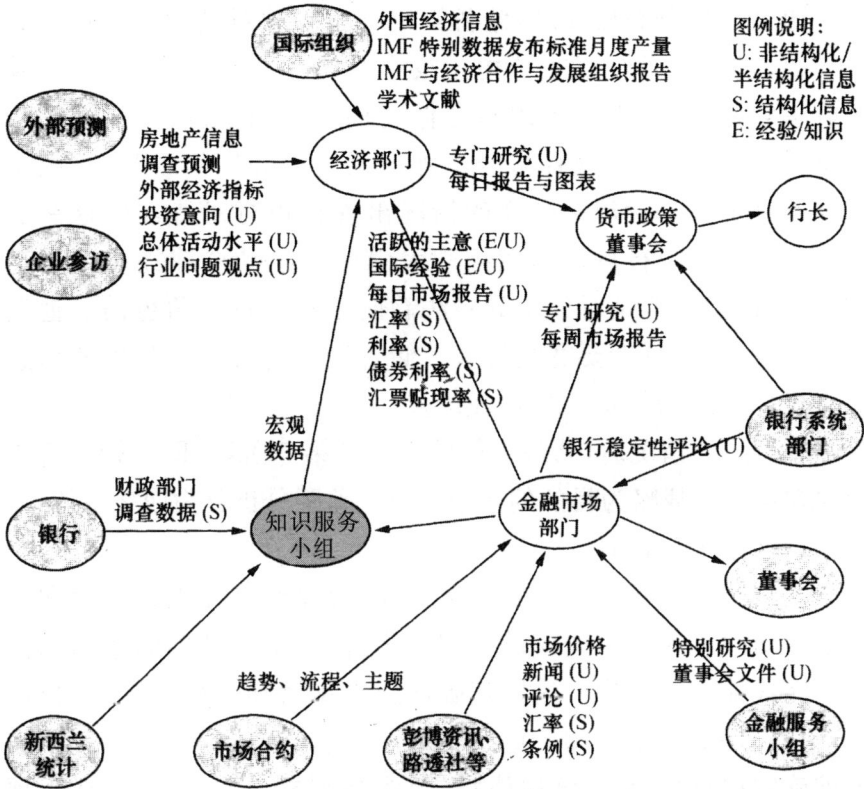

图 2-11　识别焦点领域知识

	收集/获取	组织存贮	访问	共享	使用
结构化信息	◼	◼	◼	◼	
非结构化/半结构化信息	◼	◻	◼	◼	
经验/知识	◼		◻	◻	

低 ◻ ◪ ◩ ◼ 高

图 2-12　信息分类

通过信息分类后发现,储备银行善于管理对结构性数据的共享与提供访问,而对于非结构化或半结构化信息,储备银行仅善于收集它们,但不善于组织与存储它们。例如,虽然文件管理系统是适用的,但是它没有与电子邮件系统很好地集成起来,电子邮件要靠个人来管理。同样的情况出现在银行对待经验这一点上。虽然储备银行自认为在招聘大学毕业生和全球经验型员工方面做得很好,但是对经验的看法趋向于某个特定角色而非他们的整体经验,而后者要宽泛得多。储备银行还发现部门内的信息共享比部门间的信息共享要好得多。

了解这些情况后,储备银行就进入了第三阶段,即开始进行以建立知识经营战略为目的的差距分析。差距分析分为四条主线:

1)从员工到信息

它包括一系列基础设施类型活动,旨在改进知识资源库和使之更易访问。这可以确保员工拥有及时、安全与准确的数据和信息来完成他们的工作。这些基础设施类型活动分两个层次执行:将信息管理引入组织和传播所获取的信息。要执行这些活动,需要准确掌握所需的是何种信息,至少要对较广泛的需求有所预测。为此,银行信息中心的员工须与各部门紧密联系,确保他们知道这些信息在组织内是可利用的。

2)从员工到员工

这一类主要是企业文化问题,重点是员工的经验与知识共享,并通过开发与维持联系网络使它们容易得到利用。在这项工作中,需要一种环境。例如,可以鼓励员工利用自助餐厅进行思想交流,而这种思想交流能够确保员工知道组织内谁知道什么,有助于新经验的分享。

3)制度化知识

尽管储备银行善于获取决策,但在响应决策上并非经常是有效的。例如,常常不能获取对决策的反思和市场反应。因此,很少存在可供再利用的学习经验。这种挑战是如何把个人知识转变为制度化资源,以便它成为公司记忆的一部分。

4)合作文化

这项工作的目的在于改变企业文化以便共享成为组织的首要特性之一,由此实现"知识就是力量"的观点向"知识共享就是力量"的观点的转变。从组织视角来看,这意味着要确保该组织促进共享的发生,发扬经理们以身作则的作风,并主动增强组织文化的共享。

完成差距分析后,知识服务小组可以发现许多增进储备银行知识管理的专门行动计划。按照成本与重要性,可以对这些行动计划进行分类,如图 2-13 所示。这些计划旨在提高对结构化和非结构化数据以及个人拥有的知识的可访问性,改进企业记忆和建立合适的文化。

在战略开发过程中,除知识管理热心者外,组织其他人的普遍感受似乎是无动于衷。在许多场合下,人们认为知识管理理论只是"新瓶"装"旧酒"。在处理这个问题时,知识服务小组不是讨论知识管理是什么,而是针对发现的一些具体问题和如何解决这些问题。虽然"知识战略"或"知识框架"术语在与高层管理团队进行讨论和单个企划案建设过程中很有用,但是在基层,人们需要的是问题得到解决。

(5)具体行动计划

储备银行将要进行的最重要的知识管理计划是改变组织文化。储备银行认识到,虽然这种变化获得了高层管理组的授权,然而它需要更多的努力。为促进这种变革,要识别出三个关键领域。第一,需要领导以身作则。塑造企业文化对于企业更有效地管理其知识是至关重要的。文化的一个重要方面是高层管理提出的愿景。这种愿景是由副行长制定出来的,且得到行长的授权。这种高层次的持续支持十分重要。

	低成本	高成本
A 极力推荐	□ 建立文件管理与电子邮件使用的政策/标准和培训程序 □ 与各部门一起审查文件分类和进行实物文件的处理 □ 浏览选取的来信记录 ▲ 用正式方式掌握的书面经验 ▲ 利用大事年表彰显企业历史 ★ 实施学习与开发项目,并评估其结果 ★ 评估工作轮换、多部门项目和作为开发计划一部分的委员会 ★ 建立交流战略以支持文化变革 ★ 继续开展领导项目并评估结果 ✳ 工作评估、报酬与激励计划 ✳ 增加信息出版与数据分析	□ 建立集成知识管理系统,从审查文件管理系统开始,并把它作为检查市场上知识管理解决方案的机会 □ 利用Web促进应用 ✳ 数据仓库先导计划 ✳ 开发银行上下的合约管理系统
B 应该	▲ 构建标准操作程序与系统知识 ✳ 审查数据获取 ✳ 利用XML促进外部数据反馈	✳ 标准数据存贮 ✳ 开发数据仓库
C 可以	□ 审查银行文件扫描/光学字符识别条件 ✳ 建立高级数据图 ✳ 执行电子合作工具(项目或聊天室) ✳ 建立银行人名目录	

图例说明:
□ 使非结构化信息更易取得   ▲ 开发企业记忆
★ 建立适当的文化   ✳ 使结构化数据更易取得
✳ 使人员拥有的知识更易取得

图 2-13 新西兰储备银行知识管理战略

为了进一步提升领导作用并使知识管理成为组织灵魂的一部分,储备银行把知识管理作为所有管理者的核心能力以及考核评级的关键要素。在绩效评价中,知识共享被分成多个陈述,员工利用"5分制"来评估自己,"1分"代表"需要大量开发","5分"代表"蜻蜓点水"。然后,管理者也执行同样的评估。当员工和管理者完成这种评估后,他们就坐下来,一起分析评估中的差距或分歧。这种评估方法得到了好评,并促进员工了解他们是如何按照文件和内部与外部网络分享知识的。这种评估不与薪水挂钩,因此员工不会对此产生顾虑。

知识管理也成为储备银行招聘程序的一部分被应用于招聘流程,以获取招聘对象对知识管理的看法。

改变组织文化的第二个关键领域是增加合作机会。在知识管理行动计划之前,整个银行已经开始搬入开放式办公室。只有总裁和副总裁保留了他们的办公室。这种变动不是增加知识交流的尝试,而是政策领域新部门领导的行动计划。一种意见是现有环境,包括个人办公室,不利于促进政策制定,很少促进员工的交流。这个行动计划最初遭到员工的强烈反对,主要是由于员工把办公室作为个人地位的象征。撤掉办公室,个人感觉到他们不再拥有组织中的特殊地位。了解到员工对此计划的反对后,部门领导马上向员工解释变动的理由。然而,在员工中仍然存在阻力,部分员工甚至扬言要离开银行。不过,这种现象并没有发生。最终还是进行了改革。有趣的是,三年后,虽然储备银行仍然分布在大楼的几个楼层中,但是员工们建议储备银行搬迁到同一层,以便克服交流的障碍。

变革前员工的另一个主要忧虑是,开放式办公环境可能是嘈杂的,干扰他们集中注意力。在最初阶段,开放式办公环境的确有些噪声,然而,此种抱怨很快消失了,现在与过去有办公室障碍相比,员工们交流得更多了。

促进组织文化变革的第三个方面是激励知识共享。储备银行不确信激励的引入,特别是现金奖酬,是必需的积极措施。储备银行一方面认为现金奖酬激励方法是与企业文化试图实现的目标相反的,另一方面继续监视激励方法的发展。

依据访问与完整性来进行信息利用的差距分析是很困难的。

一个例子是储备银行联系数据库使用的扩展。众所周知,每个数据库包含相同或相似的资料,而对更新或删除资料并没有统一的制度。这样,就存在大量重复、数据冗余、类型不完整的问题。而且,并不是每个员工都能获取信息。有些员工仍使用名片来进行操作。解决这一问题的方法是把所有数据库合并起来,使联络信息集中在一处。表面上看来,各种联系数据库的合并是很简单的事情。实际上,这是一项最困难、最耗时间的操作。主要困难在于员工不愿意舍弃自己拥有并使用多年的联系数据库,而去使用一个集中维护的、大家都可访问的数据库。

变革带来的种种问题是由一个大型项目团队来解决的。项目团队包括三个工作组,每个组有 12 名成员。在工作组的努力下,新的内联网解决方案得以提出,由此开始了改革。为了确保改革能够顺利进行,银行举行了多次培训研讨会,并推行了一系列经验传授活动。现在,内联网已成为银行内部联络的主要途径,并扩展为包含合同联系,这样银行内的所有合同也得到了集中管理。

整个过程一共花了 18 个月,这比预期要长,主要是由变革的阻力和丧失直接控制的情感引起的。储备银行检查了所有电子记录和文件管理活动。尽管储备银行早在 1993 年就采用了文件管理技术,然而,差距分析表明,银行可以在几个领域中改善其文件管理活动,包括更好地管理所有外部和内部信息资源,如整合电子邮件。虽然现有系统可以获取大量外部文件,但是现在要利用电子化手段来获取内部文件。储备银行确立了广泛的变革管理战略,包括"欢乐体验"、设置重要部门领导和信息主管,这些领导在向各自的部门宣传相关信息时起了积极作用。此外,还有许多小型行动计划,包括提高信息制图技术的使用、检查先导计划如何最好地促进当前不能在线利用的文件的共享问题。

（6）面临的挑战与问题

储备银行已经把相当多的资源投入到知识管理战略的开发与实施中，并获得了明显的效益，其中最重要的是减少了员工离职所带来的知识损失风险，提高了组织文化、现有知识共享实践的程度，扩展了所有员工文献利用的范围。

储备银行知识管理是全面的，集中于文化、结构和基础设施。毫无疑问，在记录过去的决策方面，知识管理已经取得了进展。这主要是通过建立以个人为目标的电子邮件中心组织来实现的，在这些电子邮件中，可以获取大量的讨论与辩论内容。迄今为止，这些被证明是成功的，但是随着继续向前推进，电子邮件的使用将会逐渐减少，所以银行将需要找到替代方法来使那些流程固定下来。储备银行也在调查研究"黄页"，即识别组织内有特殊专长的员工。这个系统环境将比其他正在运行的只与个人工作有关的系统更庞大，它将关注他们更广泛的经验。

像其他组织一样，储备银行正在面临的一个挑战是如何利用现有资源持续满足经营中的商业需求。这需要组织的承诺和不断的交流。储备银行视知识管理为积累投资，并聚焦于使用知识管理框架，借此为某些专门的行动计划提供一个参考标准。不过，仍需要把正在建设中的储备银行知识管理战略提升到更高层次。如今基于最佳实践的方法为储备银行提供了一种好的模式，然而，持续演化的一种思想流派认为，需要为知识管理战略开发更多的非结构流程，包含复杂的自适应系统理论，它可以用来创建一种认知模型，这种模型可以利用自组织能力来识别知识创造、中断和利用的自然流动模式。

2.2.6 知识编码化战略

1. 知识编码化战略的含义

知识编码化战略是指借助于计算机对知识进行编码,储存在数据库中,组织中的任何员工都可以容易地访问与利用这些知识。采用编码化战略的企业需要信息技术的支持。

编码化模式适合于向客户提供标准化产品或服务的组织,这类组织主要利用原有的知识进行重复性的生产和经营活动。

不过,编码化战略也存在一些弊端。众所周知,人们面临信息超载问题,人们缺少的并不是信息,而是知识。如今人们对大量垃圾电子邮件似乎习以为常,互联网邮寄宣传品又是一种类似的情况。编码组织知识需要承担相当大的成本,例如,在建立专家系统或用新程序或方法编码组织知识时,都需要大量投资。当基础知识发生变化或变得陈旧时,这些成本的大部分是不能弥补的。即便是编码化知识的更新成本也是相当大的,例如,许多操作手册将可能过时,信息系统维护给组织增添巨大成本,培训材料(特别是那些与最先进的技术相关的材料)很快就被淘汰。最常见的现象是许多超链接将变得无效或不存在。

2. 案例分析——明基公司的知识编码化战略

作为一个拥有卓越研发能力的国际品牌,明基公司(BenQ)在计算机、通信及消费电子等3C产品领域均居于领导地位。明基公司实施了"人走了,把知识留下"的知识编码化战略。

具体实施方法主要是进行知识编码。尽管一般情况下知识可以统称为"人们在社会实践中所获得的认识和经验的总和",但是具体对于企业员工来说，他们需要的是企业知识。这种企业知识，按照明基逐鹿专家团梁建强的观点，就是"能够使组织里的成员或组织本身能力得到提高和发展的信息的集合"。所以企业里的知识一定是和企业的发展以及企业成员的发展联系在一起的。举个例子来说，一个关于卫星发射的介绍资料，算不算知识？从知识本身的定义来讲应该算知识。可是对于一个生产牙膏的企业来讲，它又有多大的意义呢？这样的知识需要管理吗？反过来，同样是这份资料，对于一个航天企业来讲可能就很有意义，一定要算做知识。

如何才能采集到企业知识呢？对于显性知识来说，可以利用表 2-3 所示的"企业知识调查表"来识别和采集企业内部已有的知识。

表 2-3　企业知识调查表

文档说明	文档格式	大概数量	文档起草部门	负责人员或部门	权限要求	使用频率
××零件制程说明	Word 文档	10 个文件	××部门	制造部	制造部门人员只可以查看	每周被调用三次

这个调查表从知识主体、知识生产者、知识管理者、知识消费者四个方面对知识进行了一个很好的描述。文档说明、文档格式以及大概数量是对知识主体的一个说明。通过这些信息人们可以了解未来对这些资料该如何存储管理。文档的起草部门一般为文件的创建者，也就是所说的知识生产者，这对管理者未来如何激励和评价员工的知识贡献有一定的帮助。文档的管理部门是对知识管理者的一个描述。权限要求及使用频率是对知识消费者及知识价值的一个描述。通过这些信息可以对企业内部存在的一些显性知识进行编码，然后进一步进行知识组织，如建立企业知识库或知识管理系统等。

2.2.7　知识保护战略

1. 知识保护战略的含义

知识保护是指维持组织知识的新颖与建设性状态,并利用安全与法律措施阻止组织知识非授权地转移到其他组织的过程。组织新技术可以直接转化为新产品和新服务,为组织带来经济效益。而技术知识出于本身存在的"溢出效应"和其他原因,总是存在扩散现象,造成技术流失和效益损失,如何有效地保护组织知识是每个组织关心的问题。在美国,防止商业犯罪每年要花费公司 1280 亿美元。公司资产安全成为许多公司主要关注的事情,其中有形资产保护每年要花费美国公司近 300 亿美元。现在越来越多的人认为公司价值主要在于公司的无形资产,即知识、技能、数据库、企业声誉、商标意识/忠诚度。

组织知识保护的主要对象是组织无形资产,它包括:

- 商标。
- 专利。
- 版权。
- 已注册的设计。
- 合约。
- 贸易秘密。
- 信誉。
- 网络关系。
- 诀窍。
- 文化。

这些无形资产的保护既是组织知识管理的重点内容,也是维

持组织竞争优势的主要办法。一项英国的调查发现,公司执行总裁们认为公司各种无形资产的替代周期分别是:

- 公司信誉——14 年。
- 产品信誉——6 年。
- 员工技能——4 年。
- 网络——4 年。
- 供应商技能——4 年。
- 数据库——3 年。
- 销售技能——2 年。

这就说明两个主要问题:

①某种无形资产的竞争优势并不是无限期的,超过其竞争优势时期的无形资产是无须进行知识保护的。

②在优势期内的无形资产应该得到保护,否则就会缩减这些无形资产的竞争寿命和损失企业的竞争优势。

与有形资产保护相比,知识保护是更困难的。首先,知识产权法根据现有法律得到有限的定义,且撰写与执行这些知识产权是昂贵的。例如,专利只有在其有效期内才能保护其原产品,一旦专利被出版,它就把公司知识揭露给了竞争对手;版权只能为那些编码化产品如文字作品、音乐、艺术、电影、照片、软件和技术图纸等提供所有权,它也有有效期,难以执行,因为原告必须要在侵权行为中证实受版权保护的产品的新颖性;贸易秘密法则只适用于已经编码化和仍在继续使用的知识,非继续使用知识如投标邀请书、计划或原型、隐性知识都不受保护。另外,不同于专利或版权,贸易秘密法则不能反对竞争者使用"公正"方法来复制知识、使用知识,也不能约束第三方使用知识。因此,这些保护对于那些只是部分原始的或隐性的或长期存在的知识来说是相当有限的或不存在的。

其次,人们很难发现知识被征用或非法模仿。不同于有形资产,知识本质上是移动的,因为它存在于个人的头脑之中。知识只有通过特定行为才能呈现稳定性。例如,一种设计图很容易通过手工方式、邮件、计算机从某人传递到另一个人,而只有采取锁在保险箱内、存储在一个访问被严格限制的计算机文档之中或写成破译不出的代码等措施时,这个设计图知识才呈现稳定性。另外,知识具有公共商品的属性,可以被许多个体或组织同时使用,对任何用户来说并不会减少知识的生产力。因此,知识的非法使用是很难发现的。

虽然保护知识本质上是很困难的,但是不能因此放弃或忽视知识保护。知识保护战略可分为三类:

- 法律保护战略。
- 技术保护战略。
- 契约制度保护战略。

知识法律保护战略就是利用各种知识产权法(如专利法、商标法、版权法等)来阻止非法用户不合理使用组织知识的强制性措施与行动。

知识技术保护战略是通过利用现代信息技术(如防火墙与密码技术)、建立有效的知识管理体系等措施来保护组织知识资产。

知识契约制度保护战略是指通过建立与知识保护相关的各种制度与合约,如建立员工行为准则、激励机制、工作安排、战略联盟(或知识联盟),确定合理使用知识的制度与程序,限制访问某种信息的员工数量等,来保护组织知识。

2. 案例分析——IBM 公司因不注重知识保护而失去个人电脑市场的领先地位

20 世纪 50—70 年代,IBM 公司在计算机行业独领风骚,领导潮流,IBM 这个词几乎成为"电脑"的代名词,甚至在 80 年代它仍然取得了辉煌的成就。

自 1981 年 8 月 12 日 IBM 宣告成功开发第一代个人电脑后,到 1984 年,其个人电脑业务的营业额达到 40 亿美元,1985 年占据了市场 80% 的份额。个人电脑在 20 世纪 80 年代初期把 IBM 公司的收入和赢利推到了历史顶峰,1984 年获得 65.8 亿美元的税后净收益,销售利润高达 14%,成为有史以来获利最多的公司,也代表着 IBM 公司发展的顶峰。

然而,尽管市场对个人电脑的需求一直呈指数幂增长,但 IBM 公司却没能把握住契机,即使在公司大型机利润锐减后,IBM 公司也未将个人电脑及其相关事业发展壮大,以填补大型机遗留下来的空缺。80 年代中期以后,IBM 公司已经不再有往日的辉煌,迅速走向衰退。结果是,IBM 公司在 1991 年亏损 28.6 亿美元后,1992 年形势继续恶化,出现了商界少见的 49.7 亿美元的巨大亏损。公司股票在 1992 年夏天时每股价格 100 美元,而到年底时已跌至 48.375 美元,到 1993 年 1 月,继续下跌到每股 40 美元以下,达到了 17 年来的最低点。在这种背景下,公司于 1993 年 3 月进行了领导班子调整,随后推出了一系列改革措施,重新获得了活力。1996 年,IBM 公司总营业额达到 770 亿美元,取得了 60 亿美元的税后净收益(而 1993 年亏损 83.7 亿美元)。1996 年 11 月 22 日,IBM 公司的股票收盘价达 158.5 美元,成为股民们不愿错过的投资对象。尽管 IBM 公司在 2006 年度世界 500 强公司排名中名列第 10 位,但是它再也不能回到个人电脑市场的领先地位了,IBM 公司个人电脑部门迫不得已于 2004 年 12 月 8 日被联想以 17.5 亿美元的价格收购,IBM 公司从此退出个人电脑市场。

IBM 公司在个人电脑市场上失利的原因除了战略决策的失

误和受原有的官僚体制的钳制以外，一个主要原因是 IBM 公司过去没有进行有效的知识保护来维持企业核心竞争力，这具体体现在如下几方面：

(1)IBM 公司没有保护其核心技术人员，致使其丧失核心人员竞争力

20 世纪 80 年代初期，IBM 公司是世界上获利最多、最受人景仰、最为顶尖的公司，IBM 公司陷入盲目的自我陶醉时期。IBM 公司曾经开展过一项"给钱叫人离开的方案"。IBM 公司提出的题目是："如果你离开 IBM，到别处去找一个待遇比较高、条件比较好的工作，我们会给你一大笔钱，你是不是够聪明来接受这种建议呢？"这种思想直接导致许多优秀人才陆续流失。在 IBM 公司的 RS/6000 获得极大成功后不到 9 个月，惠普公司就推出了功能同 IBM 产品一样强大、价格却低很多的机器，迫使 IBM 公司降价达 60% 之多。惠普公司之所以能突飞猛进，主要是因为它利用了近年来脱离 IBM 公司的一些关键技术专家协助它的工作人员推行了一些类似于 IBM 公司开发 RS/6000 的构想。

(2)IBM 公司没有保护与发展个人电脑市场上的核心技术，致使其丧失核心技术竞争力

IBM 公司自认为是技术方面的世界领先者，但它在公开了其建立的个人电脑技术标准，把每个厂商都推向同一个起点后，其技术领先地位也就随之消失了。个人电脑技术标准的公开导致个人电脑的原始市场形态发生了根本性的变化，从像电视机那样的一个封闭式的产品形态，化整为零，变成由逐步发展成熟的中央处理器、主板、硬盘、显示卡、声卡、电源、显示器、键盘、鼠标、机箱、软驱、光驱 12 个硬件基本部件和操作系统及大量应用软件组成的开放式的标准产品形态。此后，惠普、数据设备（DEC）、康柏（Compaq）、虹志（AST）直到今天的戴尔（Dell）、国内的长城、联

想、方正等一大批整机品牌厂商都因为 IBM 公司的这一项决定而产生,并逐步发展壮大起来。芯片巨头英特尔(Intel)、操作系统霸主微软(Microsoft)也都因为这一决定造就了今天的辉煌。

在微软公司除 32 名员工外几乎一无所有的时候,IBM 公司却放弃了从微软公司买下后来成为 DOS 系统的机会,从而让微软公司设定和拥有标准,使自己在个人电脑工业中没有得到充分的技术保护,处于极为不利的地位,需要依靠微软公司为其提供 DOS 操作系统。IBM 公司的决定也使它在若干年后和微软公司发生冲突,被迫花几十亿美元,设法取回这个标准。

IBM 公司是精简指令集计算机(RISC)的发明者。在利用精简指令集大幅度提高功能方面,本可以大大超过竞争者,其开发成本也必定会降低,因为不必再为不同的电脑系列开发不同的微处理器了,只要专心开发基本的 RISC 芯片,把成本分散到所有的机器系列即可。IBM 公司本可以制造自己的芯片,但当有人推行精简指令集的构想时,IBM 公司却不希望把一种技术强加于整个公司,而希望由各个部门自己决定,但所有部门都看不出有什么理由来危害初期惊人的成功,所以并不热心推广与运用 RISC。这使 IBM 公司失去了在芯片自主开发上的良机,必须依赖英特尔公司而牺牲本身的利益。

(3)IBM 公司没有保护资源的稀缺性,致使公司声誉等无形资产丧失核心竞争力

即使在 20 世纪 80 年代初期,IBM 公司的个人电脑业务得到快速发展壮大时,由于个人电脑核心软件和硬件依靠外购(依靠微软公司为其提供 DOS 操作系统,英特尔公司提供中央处理器芯片),不知不觉中为厂家通过仿效而追赶自己提供了机会,IBM 公司资源的稀缺性受到如洪水般涌来的仿制厂商的侵蚀—这些厂商只花了十年的工夫就建起了自己的品牌声望,开发出了自己

的设计能力。随着后来英特尔公司和微软公司夺走了技术上的领先地位,康柏公司和其他制造商抢去了市场优势,从 1986 年始,IBM 公司个人电脑资源竞争优势迅速衰落下来。

基于上述知识保护的不得力,IBM 公司的个人电脑市场及其业务从 20 世纪 80 年代中期衰落后一直没有重整旗鼓,IBM 公司的个人电脑部门迫不得已被联想收购。

2.3　知识管理模式

正如知识管理有诸多定义一样,其在形成与发展过程中也形成了多种不同的模式。知识管理模式是对知识管理要素及其关系、核心业务或流程的简要与形象描述,它有助于更准确、更清晰地了解知识管理及其活动。早在 1999 年,麦克亚当和麦克兰蒂(McAdam and McCreedy)就对已出现的三种知识管理模式(即知识分类模式、知识资本模式和社会构建模式)进行了评论。后来,国内外许多学者,如道尔基(Dalkir)、格伯特(Gebert)、卡卡贝兹(Kakabadse)、霍尔斯阿普尔和乔希(Holsapple and Joshi)、霍国庆、夏敬华和金昕等,都对知识管理模式纷纷提出了各自的观点。

知识管理模式是一个前沿问题,它对于组织利用知识管理实现战略目标至关重要。从理论与实践进展来看,本书认为知识管理已经涌现了技术导向的知识管理模式、流程导向的知识管理模式、绩效导向的知识管理模式、知识创造模式、智力资本模式、知识价值链模式、客户知识管理模式、组织学习导向的知识管理模式、空间知识管理模式、综合知识管理模式等主要类型。

1. 技术导向的知识管理模式

信息技术的发展为知识管理[①]提供了技术支撑。技术导向的知识管理模式特别注重技术在知识管理中的核心地位,技术被视为知识管理的主要贡献者与促进器,主要研究信息技术在知识管理中的应用和知识管理系统的构建,认为知识可以通过一些先进的信息技术得到管理,即被识别、处理和利用,认为技术可以开阔人的思维,从而改善组织行为,促进组织的持续改进与增长。

2. 过程导向的知识管理模式

过程导向的知识管理模式是以知识生产、知识获取、知识组织、知识共享、知识传播、知识存储、知识利用等过程作为知识管理的核心内容,考察各阶段知识运作的不同特点、方式、技术、实现途径及其对提升组织竞争优势的影响。

这种知识管理模式具有以下优势:

(1)面向价值链

过程导向观点把任务导向与知识导向观点组合成一种价值链导向的观点。那些有助于价值创造行为的知识可以成功地与业务流程连接起来。因此,这些知识可以以更有针对性的方式提供给员工,同时可以避免信息超载,因为只有那些与价值创造行为相关的信息才被过滤与利用。

(2)背景相关性

它可以提供一些对于解释与构建过程相关知识很重要的背景,包括有关的流程知识。

---

① 　虽然知识管理不是一项单纯的技术活动,但它离不开知识管理技术的支持,知识管理的各种功能及服务最终都依靠知识管理技术来实现。

（3）普遍公认的管理方法

虽然业务流程再造已有十多年，但是再造知识密集业务流程仍是一种奋斗目标。这包括：

- 合适的流程模型。
- 扩展的建模行为。
- 参照模型与工具。

（4）知识处理的改进

过程导向可以依据知识过程再设计在知识处理中产生目的性更强的改进。

（5）过程定标赶超

十分成功的知识密集型业务流程对比是知识过程再设计领域活动中的一种好的开始，因为这些弱的结构化流程经常是很难描述的，在这个方面的努力是完全值得的。

（6）获得支持

知识过程可以把知识纳入业务流程管理，可以综合知识管理的生命周期模式。

（7）过程控制

知识控制的实际方法得益于过程导向的方法，作业成本法领域中的一些方法也适合于知识密集型流程。

（8）设计与引入知识管理系统

来源于各种过程的信息可用来更加精确地说明知识管理系统。

3. 绩效导向的知识管理模式

绩效导向的知识管理模式是以考察知识或知识管理对组织绩效的影响（贡献）为主要内容来发现组织知识运营中存在的问题，然后针对这些问题采取进一步的改进对策以提高组织绩效。

这种知识管理模式要深入研究知识管理与组织绩效的关系，建立知识管理绩效评价模型与指标体系，并运用合适的定量与定性评价方法来评估知识管理的贡献。

4. 知识创造模式

知识创造模式主要考察隐性知识（包括个人隐性知识与集体隐性知识）与显性知识在个人、团队、组织、跨组织之间的相互转化和知识螺旋，以如何实现隐性知识与显性知识之间的社会化、外部化、组合化、内部化作为核心研究内容或管理对象，涉及知识剑造的不同阶段、促进条件与手段。

5. 智力资本模式

智力资本模式以考察、发挥和评价智力资本对组织生存、维持竞争优势和保障组织绩效的独特作用作为核心研究内容或管理对象，涉及方面很多，具体包括：
- 智力资本的界定。
- 智力资本的分类。
- 智力资本的开发。
- 智力资本的保护。
- 智力资本的监控与评价。
- 智力资本战略的组织与实施。

6. 知识价值链模式

知识价值链模式是以企业生产、经营、管理相关的知识活动（包括主要活动与辅助活动）作为主要对象来分析与判断企业的知识管理战略和竞争优势。

涉及方面包括：

- 知识审计。
- 知识获取。
- 知识编码。
- 知识创造。
- 知识共享。
- 知识应用。
- 知识领导。
- 知识组织。
- 知识协调。
- 知识控制。
- 知识测评。

7. 客户知识管理模式

客户知识管理模式综合信息技术与知识管理原理来帮助组织理解其客户并服务于客户和向客户学习。客户知识管理不同于传统的知识管理，它是以客户知识为中心，通过了解和获取"客户需要的知识"、"有关客户的知识"、"来自于客户的知识"、"合作创造的知识"来促进产品、技术或市场的创新，最终提高组织的竞争优势。

8. 组织学习导向的知识管理模式

组织学习导向的知识管理模式是把组织学习与知识管理整合起来，通过两者的无缝连接和良性互动促进组织的进一步发展。它同时强调组织学习与知识管理的重要性，认为知识管理与组织学习是密切合作与相互促进的。

桑切斯（Sanchez）提出了"五种学习循环"（five learning cycles）

模式(见图 2-14)。

管理者决定哪些知识将被组织内部化

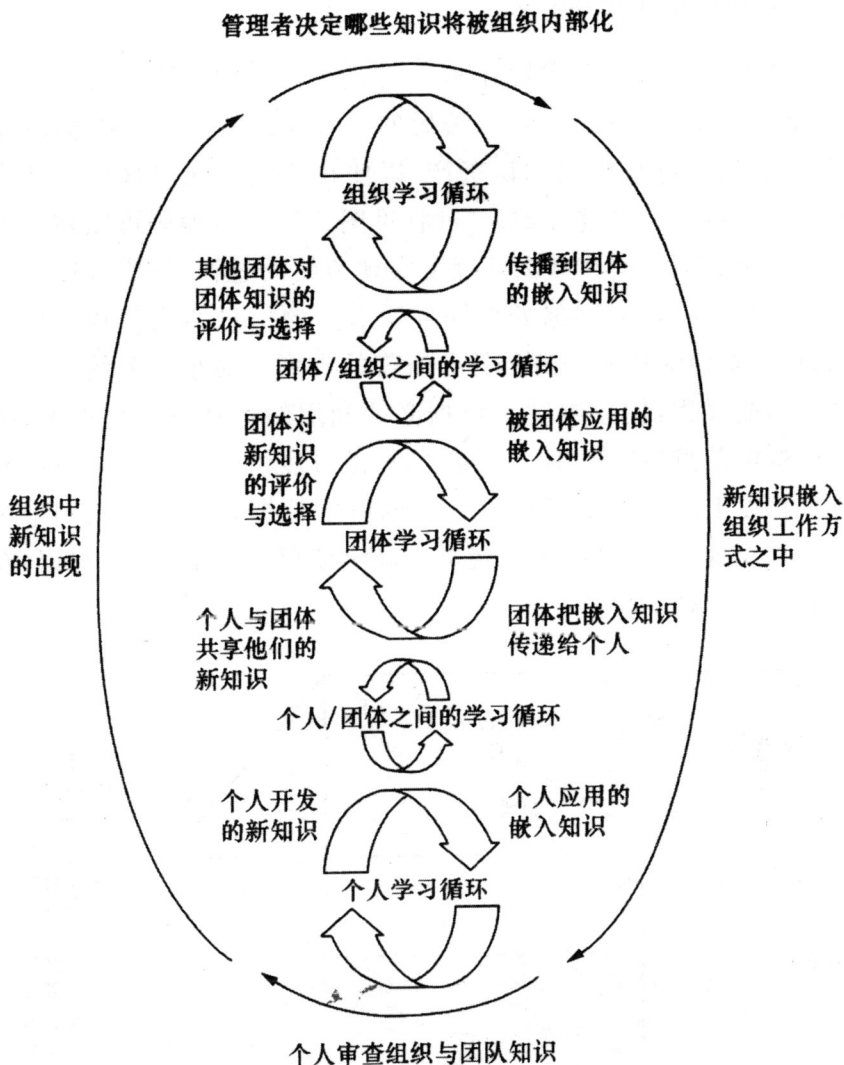

组织学习循环

其他团体对
团体知识的
评价与选择

传播到团体
的嵌入知识

团体/组织之间的学习循环

团体对
新知识
的评价
与选择

被团体应用的
嵌入知识

团体学习循环

组织中
新知识
的出现

新知识嵌入
组织工作方
式之中

个人与团体
共享他们的
新知识

团体把嵌入知识
传递给个人

个人/团体之间的学习循环

个人开发
的新知识

个人应用的
嵌入知识

个人学习循环

个人审查组织与团队知识

图 2-14　"五种学习循环"知识管理模式

　　它把组织学习表示为遵循一系列可确认的认知活动的集体
意会过程。

9. 知识空间管理模式

知识空间管理模式旨在利用"抽象（具体的—抽象的）、扩散（扩散的—未扩散的）、编码（编码的—未编码的）"的三维信息空间来创造、维持与利用知识资产，以便在给定时间内最大化地实现它们的价值。在这种知识空间（见图 2-15）中，编码可以被看做去除冗余数据从而在数据处理上实现节约的过程，编码维度是依据完成某一特定的数据处理任务所需要的信息的比特数来标度的；抽象是使完成某项特定任务所需的类别数最小以节约数据处理成本的过程，抽象维度是依据必须利用的类别数来标度的；扩散是构成信息空间的第三个维度，扩散维度可参照在不同编码和抽象程度上运作的信息可以达到的特定数据处理主体比例来标度。利用这三个维度，人们就可以确定任何一种信息（或知识）在信息空间所处的位置。

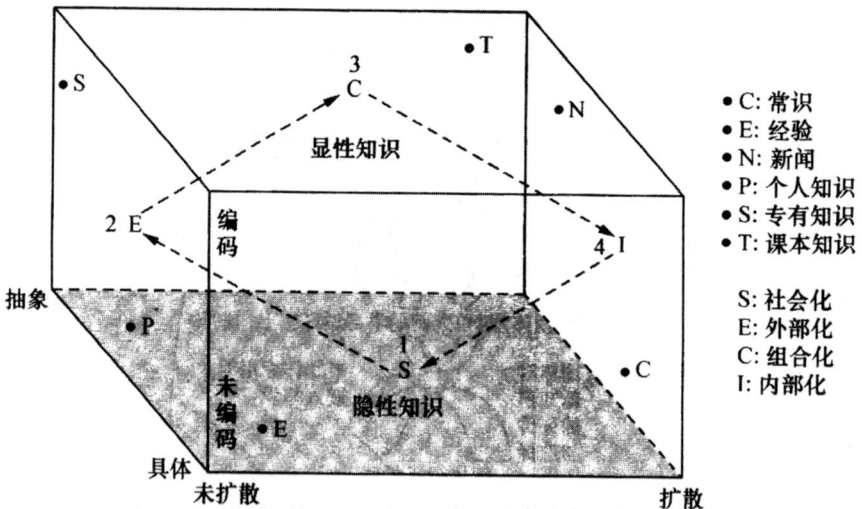

图 2-15　知识空间管理模式框架

10. 综合知识管理模式

综合知识管理模式是指组织通过综合业务流程、技术（或工具）、基础设施、人员来持续开发、改进或维持知识资产以实现组织目标。

它涉及知识管理的诸多因素，具体包括：

• 知识管理促进因素。

• 知识管理过程。

• 知识资本。

• 人员与技术。

业务流程、学习、企业文化、企业愿景、管理与领导能力都是知识管理的促进因素。这些促进因素与其他组织程序和惯例一起最终导致知识识别、创造、获取、适应与嵌入，最后可以形成被员工利用的企业知识库。预期的企业经营结果与目标在经营战略及政策的帮助下通过管理可以得到实现。而一旦实现这种目标，它们就有助于增加企业的金融资产。这种增强的金融能力必将产生更多的投资机会。从而，企业在无形资产与有形资产方面就面临投资更多金融资本的前景。结果是企业知识管理基础设施得到了加强，原有的促进因素也得到了改善。而这些改进后的促进因素反过来加强与补充了企业现有的知识库。这样继续下去，企业就可生产更多的有形与无形资产，并形成一种知识管理的良性循环（见图 2-16）。

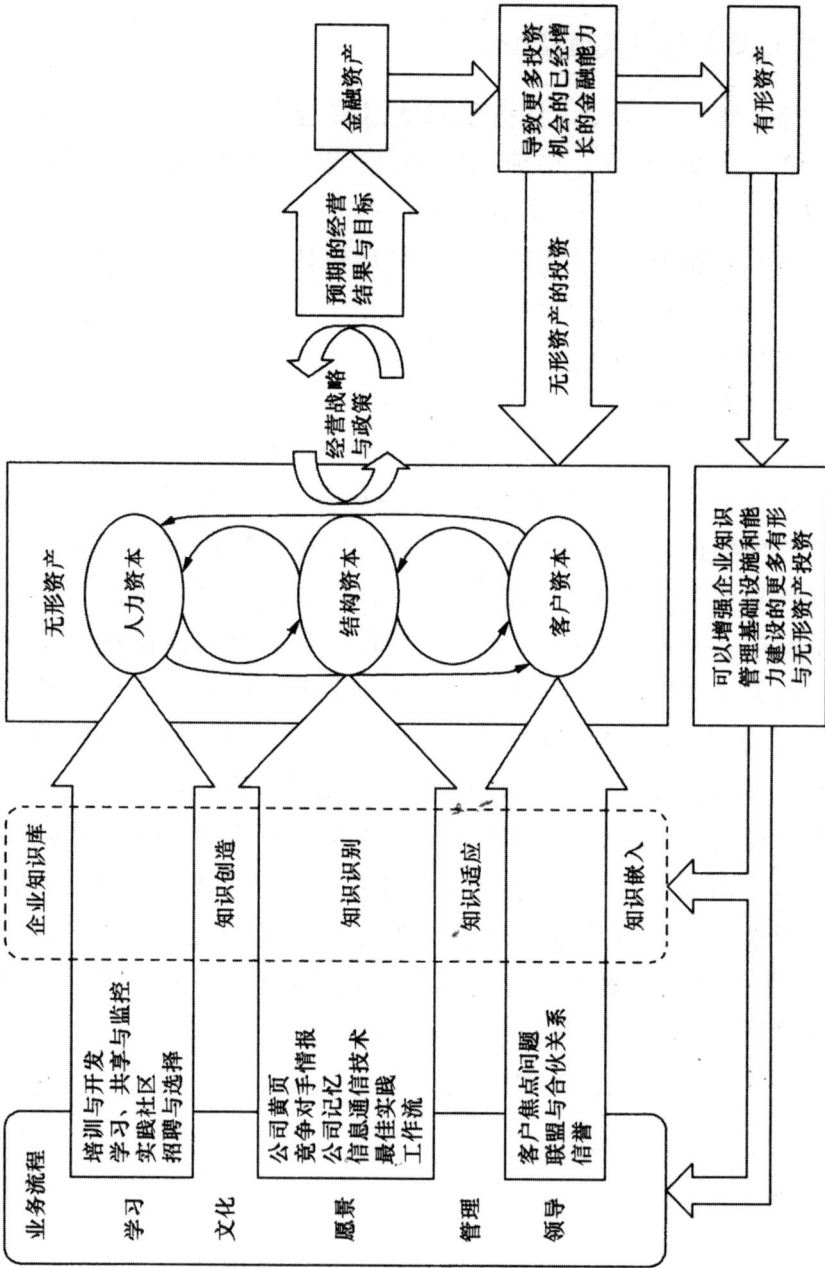

图2-16　综合知识管理模式

参考文献

[1]Anand Y, Pauleen D J, Dexter S. Reserve Bank of New Zealand: journey toward knowledge management [M]//Jennex M. Case studies in knowledge management. Hershey: Idea Group Publishing, 2005: 211—234.

[2]Ghalib A K. Systemic knowledge management: developing a model for managing organisational assets for strategic and sustainable competitive advantage[J/OL]. [2009-02-01]http://WWW. tlainc. com/articl56. htm.

[3]Hasan H, AI-hawari M. Management styles and performance: a knowledge space framework[J]. Journal of Knowledge Management, 2003,7(4):15—28.

[4]Hansen M T, Nohria N, Tierney T. What's your strategy for managing knowledge? [J]. Harvard Business Review, 1999, 77(2):106—116.

[5]McAdam R, McCreedy S. A critical review of knowledge management models[J]. The Learning Organization, 1999,6(3): 91—100.

[6]O'Dell C, Wiig K, Odem P. Benchmarking unveils emerging knowledge management strategies[J]. Benchmarking: An International Journal, 1999,6(3):202—211.

[7]Pan s L, Scarbrough H. A Socio-technical view of knowledge. sharing at Buckman Laboratories[J]. Journal 0f Knowledge Management, 1998,2(1):55—66.

[8]Sanchez R. Managing knowledge into competence: the five learning cycles of the competent organization[M]//Sanchez

R. Knowledge management and organizational competence. Oxford：Oxford University Press，2001：3—37.

[9]何绍华，曾文武.基于组织学习的知识创新过程研究[J].图书情报知识，2007(2)：93—95.

[10]霍国庆.企业知识管理战略[M].北京：中国人民大学出版社，2007：96—103，159—162，206—208.

[11]姜继玲.明基：人走了，把知识留下[EB/OL].(2006-09-17).[2009-02-03].http：//www. cko. tom. cn/web/articles/km/13/200609 17/13，2638，0. html.

[12]梁建强.明基逐鹿谈企业知识的管理[EB/OL].(2007-06-26).[2009-02-03].http：//ceo. newmaker. com/art_23409. html.

[13]帕特里克·沙利文.智力资本管理：企业价值萃取的核心能力[M].陈劲等译.北京：知识产权出版社，2006：318.

[14]齐捧虎.企业竞争优势论[M].北京：中国财政经济出版社，2005：71.

[15]钱军，周海炜.知识管理案例[M].南京：东南大学出版社，2003：173—179.

[16]盛小平.企业核心竞争力研究——基于知识管理的分析[M].广州：广东科技出版社，2008：64—72.

[17]盛小平.基于知识管理的企业核心竞争力研究[R].北京：北京大学博士后研究工作报告，2007：193.

[18]吴晓波，许冠南，刘慧.全球化下的二次创新战略——以海尔电冰箱技术演进为例[J].研究与发展管理，2003，15(6)：7—11.

[19]斯图尔特·马恩斯.知识管理系统：理论与实务[M].阎达五，徐鹿译.北京：机械工业出版社，2004：181—196.

[20]王凤彬,郑红亮.IBM 公司的兴衰及其对我国企业的启示[J].改革,1997(2):106—114.

[21]叶茂林,刘宇,王斌.知识管理理论与运作[M].北京:社会科学文献出版社,2003.139.

第3章 知识的获取、创造与共享

　　萨维奇在《第5代管理》一文中指出:"我们已精心设计了一种复杂语言来描述原材料如何被转化为最终产品,但我们却几乎不知道如何表述一个原始的想法是如何被转化为最终产品或服务的。我们能够计算货物周转的效率有多高,但却无从知道知识的周转情况。"

　　达文波特在《营运知识》一文中指出:"知识管理的挑战之一,就是力争做到使知识分享比知识囤积更加物有所值。"

3.1　知识的获取

　　将组织内部或外部环境中的知识,转化为组织内部的知识,并将所转化的知识进行整理,将它转化为组织创新所需的知识的过程为知识的获取。在装备知识管理中,由于装备行业涉及单位众多、技术密集,以及军事信息安全要求,使得在装备知识管理中行业内部的知识获取同样重要。

　　在组织的整个知识系统中,知识获取是创造新知识的前提。以原有知识为基础,通过知识获取、整理,将形成组织不断扩大的新的知识系统,如图3-1所示。

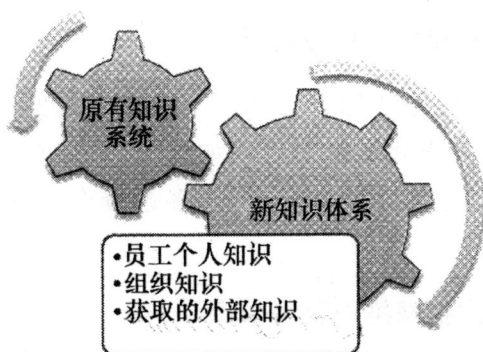

图 3-1　知识获取

3.1.1　知识获取方法概述

组织的知识获取方法包括以下几种。

1. 内部积累

内部积累是获得知识的一种重要模式。在装备管理中,通过对装备研制、使用、保障单位内部大量知识的有效积累、科学管理,可显著提高装备型号研制、保障管理的质量和效率。

2. 购买

此种方式涉及特定知识的购买或引进,如专利转让、专门人才的引进等。

3. 通过合作获取知识

当其他组织拥有专门知识或互补时,彼此就会相互学习,会借由合资、联盟或协议来进行。理想状态是合作的目的在于透过信息、知识与资源的双向流动来使彼此获益。

4. 购并拥有知识产权的组织

当我们需要的重要知识为其他组织所掌握时,可以收购某个组织,或采取购并方式取得知识。如购入具有重要新技术的整个研发团队。但随之而来的文化冲突、多余资产处理及组织重新整合是一大挑战。

5. 从各类虚拟网络中获得知识

组织网络中的知识可通过知识挖掘方法获取。从原始的信息、数据、知识中提取有用的知识,方便了知识使用者的知识获取,省略了使用者查阅原始数据、信息知识等其他无用的细节,使用者通过知识挖掘,直接获取对其有用的信息,是知识挖掘的目的。由于新的知识系统是经过整理和融合的,所以具有一定的系统性和条理性,使工作人员可以很方便地分享到;还可以很方便地整理不同组织的知识,加强组织之间的知识整合。

在信息系统中,知识获取是建立、完善和扩展知识库的基础,是利用知识进行推理求解问题的前提。信息系统中知识的质量和数量直接影响其系统性能,知识获取成为智能信息系统开发的关键。机器学习就是知识自动获取的一种重要方式,即机器通过记忆、告知、实例、类比、观察和发现等方式,对外部的数据进行演绎推理和归纳推理,以获取、组织和扩充知识,从而改善系统自身的性能。

知识获取的方法很多,现对基于网络的德尔菲法、知识发现方法和技术予以介绍。

3.1.2 基于网络的德尔菲法

德尔菲法(专家意见法)是通过问卷调查的方式来集结问卷

填写人和搜集匿名发表意见的一种方式。其具体做法是通过系统程序特定的问卷内容,来调查团队成员对问卷所提出问题的看法,问卷成员之间不做相互讨论,也没有横向联系,他们与调查员有联系,通过多次的问卷填写,整理所有问卷调查者的对问卷所提出问题的看法,调查员对问题反复征询、修改、归纳,最后汇总成与专家意见基本一致的看法。

德尔菲法克服了传统的专家会议法中经常发生的专家们不能充分发表意见、权威人物的意见左右其他人的意见等弊病。各位专家能真正充分地发表自己的见解,从而更有效、广泛地获取专家知识。该方法的具体实施步骤总结如下:

1. 组成专家小组

专家成员、人数的确定是由议题所需的知识范围,内容的宽窄来确定的,一般情况下,专家人数的选取不超过 20 个。

2. 广泛咨询

咨询者向专家通过网络提出想有得到解决的问题和相关要求,并附加一些与问题相关的背景材料,咨询专家还需要一些什么样的材料,然后专家阅读问卷,对咨询者的问题作出书面回答。

3. 独立判断

专家对其所受到的材料作出独自的判断,给出各自的意见和理由。

3.1.3　知识发现方法和技术

我们采用数据库的形式存储和收集信息,是为了更加高效地从数据库中检索所需信息。于此同时,数据库中的知识发现(Knowledge Discovery in Database,KDD)技术就是在数据库的基础上产生的,获取数据属性的内在关系和隐含知识的一种新的数据分析技术。知识发现技术就是从海量的数据库信息中获取有价值、有潜力知识的过程,包括知识获取的整个过程。作为 KDD 中特定步骤之一的数据挖掘是应用具体算法从数据库中提取知识和模式的。

1. 知识发现工作流程

知识发现是通过数据总结、数据分类、数据聚类和关联规则来实现的,它是人工智能、机器学习与数据库技术相结合的产物。它需要一个反复的过程,通常包含多个相互联系的步骤。KDD的工作流程图如图 3-2 所示。

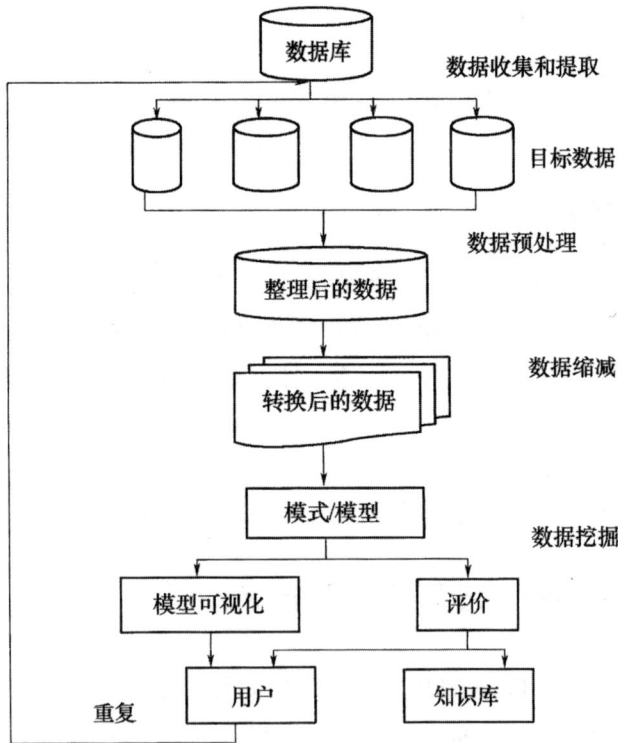

```
                    数据库
                              数据收集和提取

        ┌──┐  ┌──┐  ┌──┐  ┌──┐
        └──┘  └──┘  └──┘  └──┘   目标数据

                整理后的数据    数据预处理

                转换后的数据    数据缩减

                模式/模型       数据挖掘

        模型可视化          评价

    重复  用户            知识库
```

图 3-2　KDD 工作流程

（1）问题的理解和定义

为了了解 KDD 相关领域的有关情况，了解用户需求，熟悉背景知识，进一步的深入的分析问题。数据挖掘人员与专家合作，这样也有利于确定问题的可能解决途径和学习结果的评测方法。

（2）收集和提取相关数据

用户通过 KDD 来从数据库中提取自身所需求的信息，为了准确、快速的从数据库中提取所需信息，采用数据库的查询功能可以加快数据提取速度。

（3）预处理数据

知识的预处理是对知识提取阶段所提取的数据进行检查，检查数据的一致性和完整性，再加工信息，了解所提取知识在数据库字段中的含义，以及该字段与其他字段的关系。预处理的另外一个重要作用是检查所提起出来数据的合法性，并将其中的错误数据给予清除。

（4）数据缩减

根据知识发现的任务对经过预处理的数据进行再处理，再处理的主要目的是减少数据量，再处理所采取的操作主要用投影技术。

（5）KDD 目标的确定

由于 KDD 的目标不同，在知识发现过程中所采取的知识发现算法也不同，所以必须要根据用户的需求，来确定 KDD 能发现什么类型的知识。

（6）知识发现算法的确定

数据挖掘的具体算法是依据知识获取这所确定的具体任务来确定的，数据挖掘算法的选取包括选取合适的参数和模型，并且考虑如何将该算法应用到这些数据当中。例如，神经网络和归纳技术是实现分类模型的量的主要算法，聚类分析技术是聚类所采取的分析，其实质就是关联发现和序列分析技术是关联分析常采取的技术。

（7）挖掘数据库

用户所需知识是通过知识发现的算法来选定的，将从数据库中选取的用户所需知识，用一种特定的方式或一些常用的表达方式表达，如产生规则等，是挖掘数据库的很好手段。

（8）解释模式

为了获取更为有效的知识，对发现的模式进行解释，取得比获取结果更为有效的知识，对前面处理中的某个步骤进行反复重复提取。

（9）知识评价

以用户能接受的方式将检索发现的信息呈现给用户，为了确保本次发现的知识与原来发现的知识间不相互抵触，需要在知识的检索阶段进行知识的一致性检查。不难看出，知识发现存在与底层数据抽象到高层数据的整个过程。因此，数据库中的知识发现，有助于人们从数据库的数据中发现有用的知识和数据规律。

2. 知识发现的重要技术

（1）统计学方法

统计学是最基本的知识发现技术，应用校对的统计学方法有如何分析主要成分、分析因子、分析判别、分析相关性、多元回归分析等，多元统计分析方法。统计学的一般分析方法的过程为首先有用户提出假设，接着系统对所利用的数据进行验证。

（2）聚类分析

依据事物的属性、特征对事物进行分类，聚类是类聚分析法的方法，其目的是通过物以类聚的特点来发现典型模式和特征规律。类聚分析是数据挖掘的主要技术。类聚分析法的发展速度很快，目前，以多元类聚方法为基础，发展起来模糊类聚分析和神经网络类聚分析等一些新型的类聚分析方法,使类聚分析方法得到了很大的发展。

(3)决策树分类技术

决策树学习是从一组无序、无规则的事例中,推导出以决策树形式表示的分类规则的归纳学习算法。自顶向下的递归方式是一般决策树所采取的。决策树内部节点有着特殊的含义,一般情况下决策树的内部节点是用来进行属性值的比较的。根据不同的属性值来判断该阶段向下的分析,结论是在树的叶节点出的出的。决策树通常被采用来分析知识发现的分类。

(4)规则归纳

规则归纳是指在数据库或数据仓库中,搜索未知的以下形式的数据间的规律与规则:

①关联规则。例如,同一个顾客,一次购买了不同物品,这些所购买的不同物品之间是因顾客关联起来的。

②顺序规则。例如,"某一设备再相继不长的时间内依次出现了故障 A 和故障 B。"

③时间序列相似。例如,"在炎热的夏季,备件 A 与备件 B 都类似的故障规律。"

(5)IF-THEN 规则

例如,"若同时发生了事件 A、B、C,那么事件 D 发生的概率为 75%。"

(6)可视化技术

可视技术是辅助知识发现的一种不可忽视的技术。复杂的数学方法和信息技术是知识发现过程中不可避免应用的技术,借助图形、动画、图片等具体图形的形象指导和操作,有助于用户使用和理解数据挖掘技术。可视化技术有助于引导数据引导和结果的表达,有利于结果的推广和普及。

可视化管理是通过将组织知识变得更加直观，实现知识有效的转移和共享来完成知识的透明化管理的。

3.2　知识的创造

知识创造是指通过组织的知识管理，在已有知识的基础上不断追求新的发展、探索新的规律、创立新的学说，并将这些新知识融入到组织的产品、服务和系统中去的能力与过程。

3.2.1　知识创造的作用

组织的核心竞争力包括两个方面。一是核心运营能力，指组织能高速度、高效率地提供高品质的产品和高满意度服务的能力；二是核心知识能力，指组织拥有对某种特定领域和业务的独有的专长、技术和知识。国内、外现代化组织的经验都证明，知识创造是组织寻求核心竞争力的源泉。知识创造的作用包括以下四点。

1. 组织创新能力的基石是知识创造

从知识管理的角度来看，知识创造的条件是知识的获取和使用，系统的创新能力需要组织来维持。知识的创造、积累与应用有助于提高组织研发者的研发能力，有利于提高工作人员与管理者的知识水平与工作技能，实现知识创造过程的技术突破月创新，形成新的与众不同的组织技术，不断的积累知识，为组织提供新的、有差异性的服务和新产品，有利于组织应变能力的提升，提升了组织的核心竞争能力。

2. 管理创新需要知识创造推动

知识创新带来了保证技术创新和制度创新同时实现的管理创新。组织管理的概念、方法和手段等方面的创新都是通过管理创新来实现的,组织创新有利于各种资源的整合,形成一种新的、系统化的资源整合范式,将有助于提高资源配置的效率,系统化、全新综合能力的形成,是培育和提高核心竞争能力的最终目标。

3. 知识创造促使人力资源创新

作为知识和能力承载者的人力资源是组织所拥有的专门知识、技术和能力的综合体现。将知识创造与人力资源管理结合,通过对工作人员的知识更新,使之接受新思想、掌握新技能,更好地了解自己的工作,重组自己的工作流程,提高工作效率,并通过工作人员将新知识融入到组织的知识系统之中,从而推动了组织人力资源的创新。

3.2.2　组织知识创造的两种主要方式

组织知识的创造主要可以分为两种方式:一种是对既有知识的充分利用;另一种是对新知识的探索。

1. 对既有知识的充分利用

许多组织常常忽视组织内已经存在的知识、能力、经验、最佳实践、专利权和智力资产等,没有将其清楚地定义与整理,既没有妥善地转移分享,也没有持续地改善和充分利用,这是对组织知识资源的极大浪费。因此,组织应该对这些重要的、有价值的无形资产,通过知识管理的流程加以有效利用,并发挥其潜力。这种知识创造方式主要通过"做中学"的途径来实现。这样做能够充分利用、改善组织的既有知识,不仅能使时间缩短、成本降低,而且其风险也较小。

2. 新知识的探索

组织不断的追求和自我创新过程比将伴随有新知识的产生,组织期望其的成长方式是快速的、跳跃性、有突破性的成长,希望技术和产品的创造能力都领先于对手,形成对手难以跟得上的竞争优势,领先对手、领导产业。这种知识的创造方式是通过以下几点实现的:

①通过理论的演绎、归纳。

②以"分析中学习"或直觉创意的形式寻求具有突破性、根本性的新知识与新方法。

③现有的经营模式与工作流程上的基本假设、价值观与诠释框架需要不断完善。

上述知识创造的方式有利于形成先占优势和市场的独霸。

想要组织永远跑在别人前面,形成对手无法模拟和超越的竞争优势需要组织具备持续的创新能力。但这样做不足是成本高、风险大。

3.2.3 组织知识创造的一般理论

1. 组织知识创造的定义

所谓组织的知识创造是指企业作为一个整体,在整个组织里创造新知识、传播新知识以及将新知识体现在产品、服务和系统中的能力。组织知识创造是日本企业独特创新方式的关键所在,他们特别擅长于持续地、渐进地及螺旋式地进行创新。

2. 组织知识创造的三个关键特征

比喻性语言、知识共享、从模糊和冗余中涌现出新知识是知识组织创造过程中的三个关键特征，要将不易于表达的事情表达出来，人们会更加依赖比喻性语言和象征性手法；知识共享，为了传播知识，个人知识必须与他人共享，存在于组织的各个层面，团队是知识创新过程中的核心集体，为之似乎创造的个体提供了相互作用的情景，新的观点和概念的创造与出现是通过组织成员之间的相互谈话和讨论创造出来的；新知识源自于混沌状态的模糊知识。

3. 知识创造的两个维度

在论述组织知识创造的具体过程之前，野中等先提出了组织知识创造的两个维度：认识论维度（显性知识、隐性知识）与存在论维度（个人、小组、组织、组织间），如图 3-3 所示。

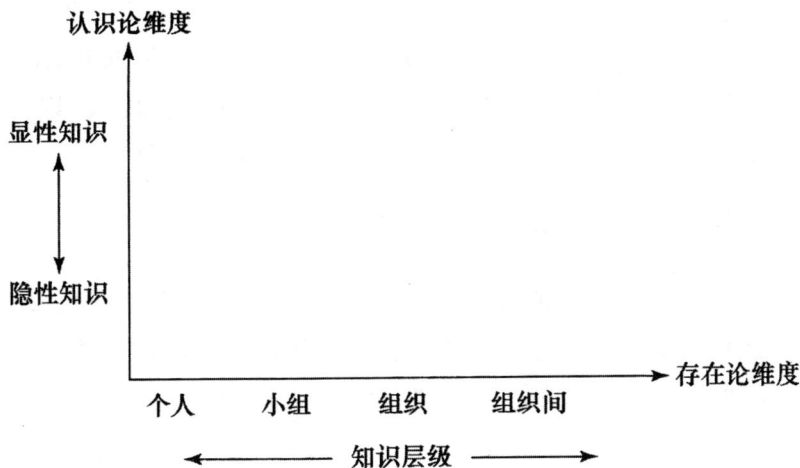

图 3-3　组织知识创造的两个维度

野中等指出,当显性知识与隐性知识之间相互作用,并从存在论较低层次向较高的层次动态扩大时,螺旋运动便应运而生,如图 3-4 所示。

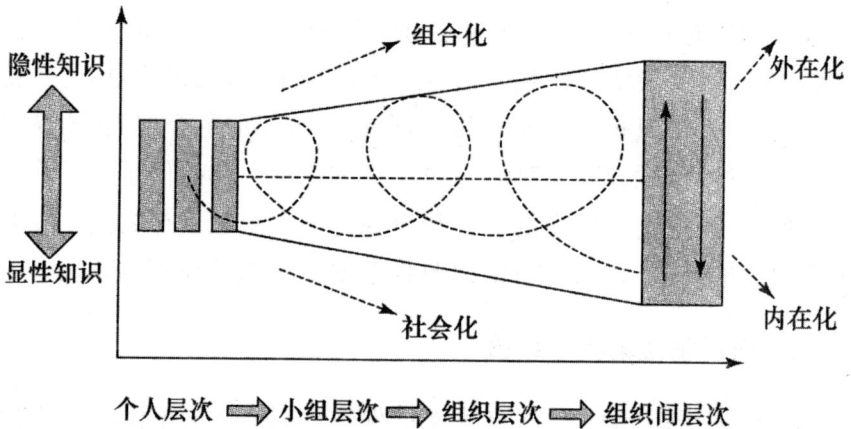

图 3-4　组织的知识创造"螺旋"

如图 3-4 所示,组织知识创新是一个源于个体,随社团的互动作用不断扩大的螺旋上升的知识获取的过程。正是通过隐性知识与显性知识在个人、小组、组织及组织间的不断转换,以至无穷,从而促进知识总量的不断增长和知识的持续更新。

4. 组织知识创造的五个促进条件

在组织知识创造的过程中,组织的作用是提供适当的场所,以利于个人知识的创造与积累,并促进有关团体活动。组织知识创造有明确组织的意图、自主管理、波动和创造性混沌、知识冗余、必要多样法则五个条件。

(1)明确组织意图

在组织知识的创造过程中首先要确定组织的意图,这将有利于组织利用自身的知识组织能力来获取、创造、积累知识,阐明组织工作的意图有利于组织成员奉献自身力量。

（2）自主管理

自主管理为组织成员实现自我激励,为知识创造的可能性提供支持。

（3）波动（fluctuation）与创造性混沌

波动与创造性的混沌是创造组织与外部环境之间互动的一个主要条件,可以利用波动与创造性混沌将环境中的模糊、冗余和噪声等公开信息以信号采取的形式得到改善。

（4）冗余

冗余是促进组织知识螺旋活动的第四个条件。信息冗余是组织成员的工作中并非马上需要的信息,有关的业务活动、管理职责、企业信息有意图的叠加是商业组织中的信息冗余。

组织内部知识创新是将个人或团队创造的概念与暂时不需要这些概念的人员一起分享,有利于实现组织内部的创新。冗余信息的分享有助于隐性知识的显性化后共享,信息的冗余中个人能感觉到其他人正在试图表达的东西。因此,信息冗余加快了知识创造的过程,冗余信息在概念开发阶段更为重要。

（5）必要多样性法则

组织提高必要多样性的途径可以是利用不同的信息联结方式敏捷地对信息进行综合处理,以及在整个组织内部提高获取信息的能力。为了让多样性达到最大化,组织应该确保各个成员以最快的方式,通过最便捷的途径,获取最广泛的必要信息。

5. 组织知识创造的五个阶段

知识的创造并非"天上掉馅饼",它必须经由不断地学习、交流、研究才能达成。新知识的创造过程可分为如下五个阶段。

（1）获取知识，特别是隐性知识

隐性知识是通过经验所获得，需要与他人沟通，从不同背景、观点和动机的许多个体及外部世界获取，这是组织知识创造关键的第一步。

（2）创造知识，形成新的知识概念

个人智慧加上团队成员间的"思想碰撞"，新知识可逐渐显现，进而形成较清晰的知识概念。

（3）新知识概念的不断筛选与确认

个人或团队创造出的新知识需要经过多个阶段的确认，包括决定新知识的军事、经济及社会的可行性及价值等问题。这是一个"漏斗式"的过滤过程，在此过程中，新知识概念经过多层的筛选与确认。

（4）对确认的知识概念进行检验，评估其价值

经过筛选的知识可以在以后的实践活动中进一步得到验证，而此时的知识相当于一个"原型"，尚未在实践中得到检验。

（5）知识的丰富化

组织知识创造的过程是一个不断提升的螺旋式过程，"原型"知识需要在实践中发挥作用，并在实践中形成新的知识。这就使得知识得到了丰富、升华，由此又会进入一个知识创造的新循环。

3.2.4　知识创造的能力来源

组织知识的创造需要整合和运用组织及其团队、工作人员的知识，需要在组织的战略远景、组织结构、人才队伍管理以及组织制度等方面发展这一能力。

1. 知识创造的导向能力

组织的战略远景规定了组织知识创造的价值评估体系,组织依此来评估、证明和判定其所创造知识的质量。因此,组织的战略远景可以用来指引工作人员吸收知识、整合知识和创新知识,是组织知识创造重要的能力组成部分。

2. 知识创造的载体能力

知识创造的特点决定了组织的知识创造必须既有利于组织成员个体知识的生产,又要能促进组织对这些个体知识的交流与共享,这种交流与共享只有通过组织成员的广泛沟通才能实现,而组织结构是组织知识创造决策的执行载体,其合理性影响组织知识交流与共享的效率。组织应以组织学习与知识创造能力的提升为出发点,以核心知识流为主线来进行组织结构改进与优化,推动知识创造各环节的知识交流。

3. 知识创造存量、流量控制能力

知识尤其是隐性知识主要体现在组织人员群体中,工作人员的知识广度与结构决定了组织的知识存量,工作人员在内部或外部的流动也体现了组织的知识流量。因此组织人才队伍管理能力决定了组织知识创造的存量和流量。有效的人才管理可以稳定工作人员,从而避免组织核心知识向外流失,同时也可以吸引高知识含量的工作人员加盟组织,使组织获得足够的知识创造来源,保证知识创造的知识存量与流量。

4. 知识创造的保护与激励能力

组织知识尤其是创新知识和核心知识决定了组织的价值,是

组织赖以发展的基础和动力。如果组织的创新知识和核心知识被外泄，或创新知识和核心知识没有得到持续的增加，组织的竞争优势将不复存在。创新的组织制度体现在有助于鼓励工作人员持续创新的各种政策。建立和完善相关制度如知识保护制度、组织学习制度、知识资产激励制度等会对组织知识创造起到促进作用。

3.2.5　知识创造的场所

野中指出知识的创造必须要在某个具体的"场所"进行相互作用，并最终融为一体。任何事物之间的相互作用都需要一些具体的作用场所，知识创造也不例外，它不可能在"真空"中发生。知识共享的场所不仅包括办公室、商务场所等物理场所，还包括电子邮件、电话会议等虚拟场所，甚至还包括成员间彼此共同经历和心智模式的精神场所，而且就知识创造的重要性而言，精神更有利于知识的创造。

为了使知识创造沿着知识螺旋不断前进，组织内部需要有不同类型的知识创造场所，如物理的、智力的和情感的场所，知识可以在那里得到共享。根据相互作用的类型（个体之间还是集体之间）及相互作用所运用的媒介类型（面对面的还是虚拟的），可以将知识创造的场所分为四类，如图3-5所示。

（1）个体面对面交流

这是知识创造的原始场所。个体间通过面对面交流共享经历、感受、情感和思维方式等，主要为个体间隐性知识的共享（即知识的社会化或潜移默化过程）。

知识创造的原始场所是以一种个体间自由、主动交流的方式来促进知识的潜移默化的。通过个体间的相互作用，知识在这里自发地进行积累和转化。

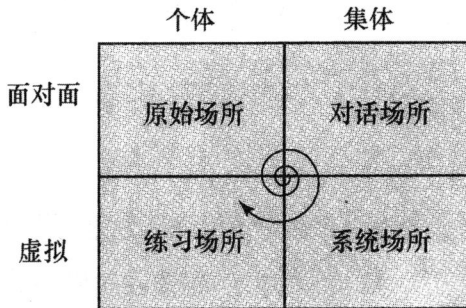

图 3-5　知识创造场所

（2）集体面对面交流

这是知识创造的对话场所。

对话场所更需要组织有意识地去营造，主要适合于隐性知识的显性化过程（即知识的外在化）。成功管理对话场所里发生的知识转化之关键是挑选那些既有特殊知识领域又有特殊才能的人，而广泛地使用隐喻是在该场所里进行知识转化的必要技能之一。

在一些成功的组织中，通过对话进行集体反思已经形成了一项制度，并成为组织文化的一部分。

（3）集体借助媒体的虚拟交流

这是知识创造的系统场所。

它主要为组织内部现有的显性知识汇总（即知识的组合化）提供场所。信息技术的迅速发展为建立知识创造的系统场所提供了多样化的虚拟协作环境（电子邮件、新闻组等）。

（4）个体借助媒体的虚拟交流

这是知识创造的练习场所，适用于组织中个体之间的虚拟交流。

它主要为组织知识的内在化提供场所，通过虚拟媒介的相互交流，如仿真、模拟、游戏等，个体将获得的显性知识进行内化。

3.3 知识的共享

　　知识共享[①]过程分为提供过程、吸收过程、传递过程 3 个子过程，具体见图 3-6。因此，从知识流程来看，知识共享活动包括知识提供、知识传递与知识吸收三类。其中知识提供是知识拥有者以某种方式向其他人或组织发送知识，如演讲、做学术报告、出版成果或新闻等。知识传递活动是利用某种渠道或方式实现知识从一方流向另一方，比如新闻广播、网上公告等。知识吸收是指通过内部分配和存储那些获取的、选择的或生产的知识来改变组织知识资源状态的那类活动，比如内部培训、组织学习、使用组织记忆系统来存储知识等。

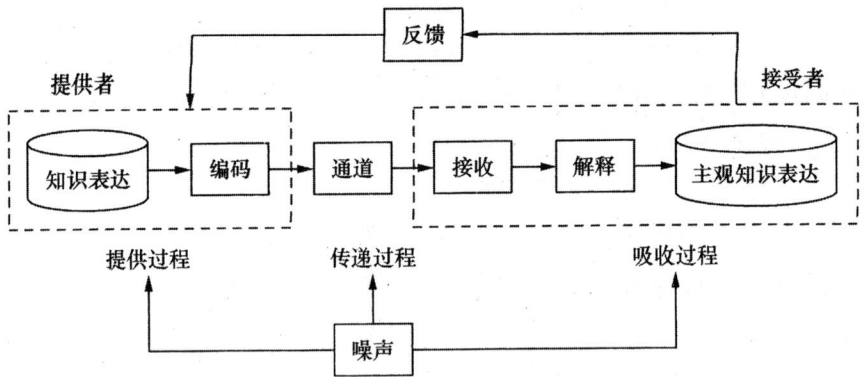

图 3-6　知识共享过程

---

　　① 知识共享是知识提供者通过一定的传递渠道，将知识传递给知识接受者且被接受者吸收的过程。

3.3.1　知识转移及知识共享策略

1. 知识转移

知识在组织内或组织间转移，才能使知识得到共享。知识转移是指在一定的情境下，从知识的源单元到接受单元的信息传播过程，是组织内部和组织间知识共享的互动的螺旋过程。

当组织认识到其内部缺乏某种知识时，就需要将知识引进或转移进来。而知识的转移并非静态发生，它必须经由不断的动态学习才能达成目标。知识转移需要经过以下五个阶段。

（1）获取（Acquisition）

在知识转移之前，必须先取得知识。组织可以从它过去的经验、实践及工作人员个人的能力、经验中取得新的知识。

（2）沟通（Communication）

沟通可以是书面或口头的方式，但必须先有沟通的机制，使知识有效率地转移，以促进组织学习。

（3）应用（Application）

获取知识的目的在于应用知识，并进一步促进组织的知识转移。

（4）接受（Acceptance）

组织内部发展知识时，如果仅在管理者之间被交流与探讨，而工作人员较少参与，说明组织虽然已接受此新知识，但却未达到吸收知识的目的。

（5）同化（Assimilation）

知识移转环节中的最重要的步骤，也是知识应用的结果。同化的意义是指"知识创造"的过程，包含学习累积的过程，隐含由认知态度与行为所带来的个人、团体及组织的改变。知识的转移必须进行到同化的程度,才算是完全的一吸收。

知识共享过程中知识转移发生在三个区域:个人(个人所具有的知识)、组织内部(组织所具有的知识)、组织外部及跨组织之间(如装备使用部门与生产厂、维修部门之间的知识)。在这三个区域中包含 9 种知识转移,如个人之间的知识转移、个人向组织的知识转移、从组织到个人的知识转移、从个人到跨组织联合体的知识转移等。知识转移模型如图 3-7 所示。

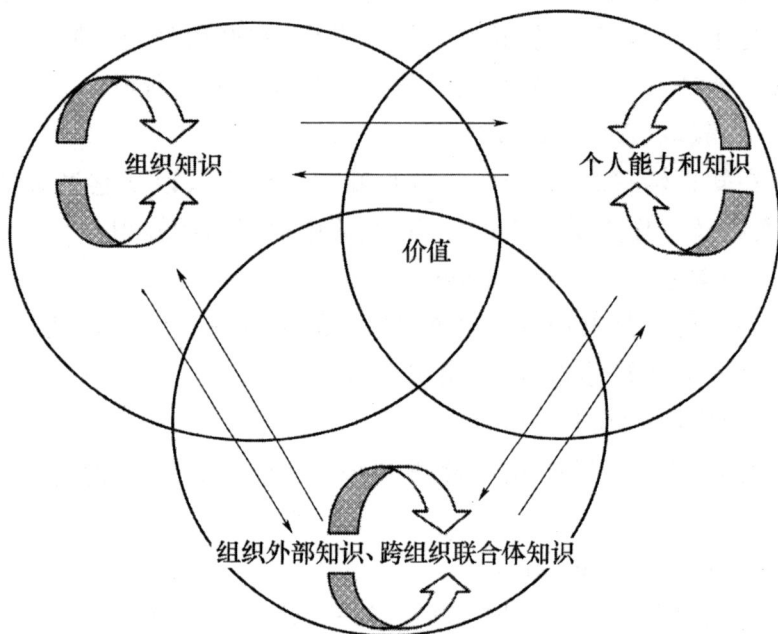

图 3-7　知识共享中的知识转移模型

2. 知识共享策略

组织共享策略的构建,能够促进组织内知识的共享,主要的组织共享策略有以下几种：

（1）组织共享文化的创建

信任是人际沟通与知识交流、转移的基础，只要工作人员之间建立了良好的信任关系，才能实现真正意义上的知识共享。一个充满信任的社会的交往效率会很高，信任使社会生活更美好。信任有助于组织文化共享建设主要表现在以下两个方面：

①正式的网络无法有效的进行知识的转移，尤其是隐性知识的转移。而建立在相互信任关系上的直接交流能实现其传递、转移。

②人与人之间合作效率的提高也是建立在相互信任基础上的。但是建立真正意义上的相互信任关系非常复杂，这是由于文化、教育程度和社会复杂度等方面的影响。因此，建立新型的组织文化是建立组织成员间相互信任关系所必须的。

（2）组织岗位专业知识要求的明确

为了提高知识共享的效率和知识传播的针对性。组织在其工作和人员招聘、人员培训等环节，明确岗位专业知识要求，并且指明知识共享的内容和方法。

（3）知识共享激励机制的设立

设立合理的知识共享激励机制能够推进知识管理工作的进行。因此，我们需要奖励知识共享者，还需对刻意隐藏可转移知识的行为进行惩罚。合理的组织奖惩制度再给员工带来福利的同时也实现了自己知识与他人知识的共享，使组织利益最大化。

（4）合理的共享知识甄选方法

实现组织知识的总体发展策略是知识管理的最终目标，知识共享过程中要以实现组织战略目标为前提，可以分析组织的长期规划和目标、对关键活动和业务流程进行分解，寻找为完成这些活动和业务所必须的知识，显示知识杠杆点、发现知识杠杆中的有关人员。人员是知识共享的核心，也是知识共享和知识管理成功实现的保证等几个方面实现复杂的知识甄选过程。

3.3.2　知识共享障碍

知识共享的主体即个人、团队或组织，是知识共享活动的承担者和发动者，包括知识拥有者和知识需求者。没有这些主体的积极参与，不可能发生知识共享活动。知识共享客体即知识共享的对象——知识，它是知识共享活动的基础和支点。知识共享障碍主要来自于知识拥有者、知识需求者、知识本身三个方面。

1. 知识拥有者的障碍

知识拥有者在知识共享中的障碍集中体现在如下几方面：

（1）知识私有的价值观

许多知识拥有者认为知识是私有的，即知识是个人的资源和财富，维护自己的利益和竞争中的优势地位都需要拥有个人私有的知识。个人私有知识的外漏，将削弱相应的优势地位、损害滋生的利益。因此许多知识拥有者不愿意参与知识共享。

（2）缺乏足够的经济激励

激励不足是阻碍知识拥有者进行知识共享的最主要障碍。造成激励不足的矛盾有以下两个：

①知识收益的极度不确定性与知识创新高风险、高成本之间的矛盾。

②知识共享过程的短暂性与知识创新过程长期性之间的矛盾。

上述两个矛盾阻碍了知识拥有者进行知识共享的动机。

（3）害怕丧失知识垄断优势

员工所拥有的知识决定了他在组织内部的特殊地位，这些独特知识是其与其他员工间的区别。因此他们认为共享这些知识将抛弃他们在组织中的优势,造成员工心理上的不安。

(4)表达障碍

有些知识拥有者缺乏适当的语言概念、媒介或工具将其自己拥有的姿势及表达出来,因此,这些成员不愿自己参与知识共享。想要实现这些知识的共享,需要企业和组织成员之间共同合作,成本过高,知识需求者接受能力有限,阻碍了这部分人拥有知识的共享。

2. 知识需求者的障碍

知识需求者即知识接受者,他们在知识共享中的障碍体现在如下几方面:

(1)认知障碍

认知障碍来自于两方面:其一是指知识需求者没有意识到自身所欠缺的知识,这种需要只有当他们面临新任务、新环境,出现新问题时才能意识到,但此时已经失去了进行知识共享和知识储备的最佳时机。这就需要组织定期对员工所需的技能进行评估和预测,使员工意识到自己在哪些方面的知识是欠缺的。其二是指即使知识需求者认识到了自身知识的不足,从而产生了知识学习和共享的需求,但是他们缺乏渠道去了解组织中哪些员工具有他们所需的知识,或者缺乏与这些知识拥有者有效的联系方法。要克服这个障碍有赖于组织提供知识交流或共享平台,如"知识地图"或"知识黄页",帮助员工随时随地以最快、最便捷的方式与知识拥有者取得联系。

(2)心理障碍

知识需求者的心理障碍主要表现在以下几种形式:

①组织成员内部思想保守,不愿意接受新事物对新事物有敌对心理,在他们看来,新事物的出现是一件非常可怕的事情,不愿

意接受新事物,不肯面对现实,思想陈旧,害怕创新。

②有的知识拥有者不相信别人的知识,只愿意保留自己原有的知识,也不愿意将其知识与其他成员之间共享。

③很多组织成员只相信专家和权威人士,对组织内部的其他成员抱有轻视的心态,也不愿意接受他们自创的有价值的知识。

④不自信,感觉自身无知。有的员工只相信别的成员比自己有能力,一味向他人学习,自己不愿意参与知识共享,怀疑自己所拥有知识的正确性和有无价值性,降低了其在组织内部的声望,从而使自己变得更加不自信。

(3)就近求助

很多员工在出现知识需求时,往往就近求助,从自己熟悉、尊敬或喜欢的员工那里寻求帮助。然而,这种情况下得到的知识往往是"满意解"而非"最优解",它实质上降低了人们获得最佳知识的可能,也就成为阻碍知识共享的一个现实原因。

(4)共享成本

知识共享需要一定的成本,然而,一些员工出于共享成本和收益的考虑,比如,学习他人知识不是一件轻而易举的事情,往往需要花费很长的时间和精力,而学习的效果又有很大的不确定性,因此,他们不愿进行知识共享。

3. 知识本身的障碍

知识特别是隐性知识的一些特性在知识共享过程中会阻碍知识共享,这主要包括如下几点:

(1)知识公共性的相对性

知识并不是公共物品,它也具有公共物品的特征,主要表现在:

①消费的非竞争性,知识消费人数的增长不会引起知识陈本

的增长,引起产品的边界值几乎为零。

②受益的非排他性①。知识共享人数的增加,不会增加知识的成本开支,反而因共享人数多,消费者多,知识的有用性高,知识共享的现实价值也很高。

所以说知识有公共物品的特性。

知识的这一特性使得知识在共享时,受让方(知识接受者)可以获得使用价值,而知识拥有者(知识源)并不会因此失去使用价值,而转移知识的边际成本几乎为零,这就是知识共享的经济效应,也是为什么要推行知识共享的根由。然而,虽然知识具有公共物品的属性,但还不是纯粹的公共物品,在一定程度上是排他的,因为知识总是具体化为人和物,从而导致人和物的利益差别,反映到知识中就具有相对的排他性。这就意味着:知识的公共性具有相对性,组织必须照顾到每个个体的不同利益差别,从制度上给予平衡,才能保障员工将自己的知识贡献出来。若组织没有建立健全相应的知识评价与激励机制,就很难要求员工积极参与知识共享。

(2)隐性知识的难以编码

知识除了能被表达出来的显性知识外,更多的是只可意会不可言传的隐性知识。组织中浩瀚的隐性知识就如同大海中的冰山,编码知识只不过是露出海面的冰山一角。隐性知识加大了知识共享的难度,这是因为要对隐性知识编码化后才可能实现共享,但是要将隐性知识转变为易于交流和共享的显性知识是复杂且艰难的过程。由于隐性知识具有高度的"黏性"或"语境依赖性",它常与特定的任务、场景联系在一起,这时知识共享需要共

---

① 受益的非排他性指某个人消费某种公共物品,并不能排除他人同时也能消费这种物品。

享双方的积极参与、交互和沟通，通过观察、模仿、体验等方式潜移默化地共享隐性知识，才能提高知识共享的效率。另外，隐性知识共享还须组织建立一套规范化的知识编码制度（包括知识分类制度和知识表示制度）。

3.3.3 知识共享的模式

1. 知识共享的三维模型

显性知识和隐性知识是知识的内容；知识网络、会议和团队学习是知识共享的手段；个人、团体和组织者是知识共享的主体，知识共享的内容、手段、主体三个层面构成了知识共享的三维模型，其模型见图 3-8。

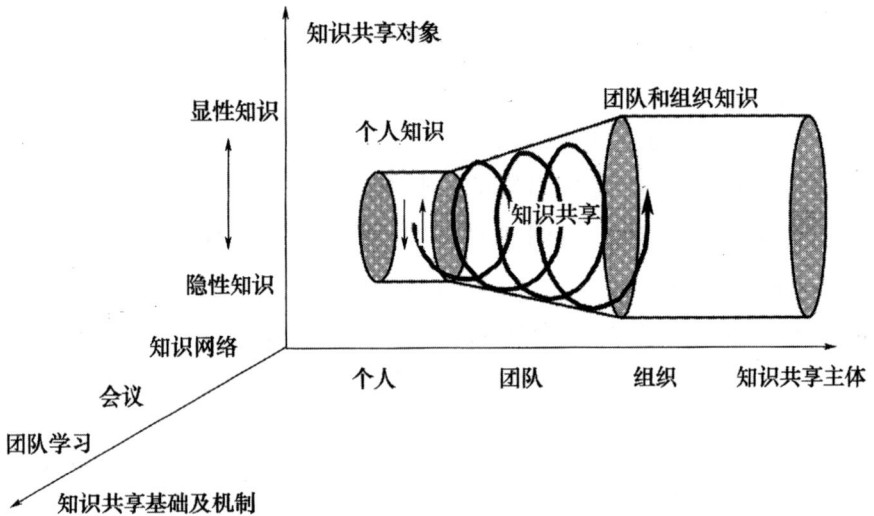

图 3-8 知识共享三维模型

知识共享三维模型,包括如下三个方面。

(1)知识共享对象

为了达到有效的知识交流和知识理解,不同知识对象(显性知识和隐性知识)之间相互转化,才能达到新知识不断产生、知识库不断扩展的目的。

(2)组织中各种知识主体

知识主体包括工作人员、团队和组织,在各主体之间实现知识的有序分享,才能促进组织知识的螺旋式增长。

(3)知识共享基础及机制

知识共享需要组织知识管理的基础设施及有效的机制,信息技术设施、知识库以及知识网络是知识共享的基础设施,会议、团队学习等都是知识共享机制的一部分。

综合而言,组织知识共享是指组织中工作人员、团队和组织的显性知识和隐性知识通过各种共享机制为组织中的主体所分享,从而转变为组织的知识资产。组织中工作人员的个人知识通过各种共享机制(如知识网络、会议或团队学习等)使个人知识为集体所共享,在共享的同时,经过工作人员共同的讨论、分析、修正,原始知识得以进一步地扩大和创新,知识螺旋不断扩大,知识资产的质量和数量不断提高。

在实践中,组织或团队大胆启用知识型工作人员,并放手让他们施展才干,使之彼此进行无障碍沟通,便于形成自发、非结构化的知识转移与共享。以下是一些组织实现知识共享的常用做法。

①会议交流。知识的转移有赖于工作人员彼此之间谈话式的交流,因此各种会议交流,可以让工作人员藉此交换工作上的经验,将本身在工作上所遇到的问题、解决方法等,通过面对面的会议,达到知识交流、转移的目的,利于工作的开展,减少重复

劳动。

②论文交流。行业期刊、组织内部的经验、技术交流文集是知识共享的常用方式。

③研讨与论坛。向工作人员提供进行非正式交流以及意见表达的地点与场合,自由发表看法,开展"学术型"研讨,构建畅所欲言的开放环境。

④伙伴合作或师徒式。工作人员在工作上积累的知识,往往有无法外显的部分存在,此时通常需要密集的接触才能进行转移,而转移关系最有效的方式之一即是透过伙伴合作、良师指导或是师徒传承,在做中学的过程中达到知识转移的目的。

⑤运用技术实现固化。对于隐性知识的共享,可通过设计一些模具、模板,使复杂工作变得简单易做。将某一领域资深专家的宝贵经验和知识转移到了模具或模板上,一般人员只需要按模板或用模具来做。这里的模板可以是软件应用(简单到填表格,按提示做),也可以是硬件工具。

2. 知识共享的模式

组织核心能力的形成也是知识转化的过程,转化的每一环节又创新和积累了新的知识,进而又形成了富有特色的组织核心能力。因此,要培育和发展组织的核心能力,必须不断地进行知识的共享、积累、应用和创新,以知识流为导向来构建知识型组织结构。知识共享的模式可分为以下几种。

(1)基于"执行—结果"联系的知识共享模式

各类组织、部门在创造和利用一般知识的基础上,可以形成基于"执行—结果"联系的知识创造与共享模式。包括三个基本过程。

①对组织中的每一项行动与其结果进行联系,工作人员利用共有知识以及个人经验、体会,总结经验,开展交流,形成组织内部知识创造的过程。

②对每一项"执行—结果",写出深度总结报告,进入组织的案例知识库,在组织内部进行共享。

③组织活动可以分享相关的案例知识。

(2)基于知识转移的知识共享模式

知识共享类似于知识发送,一般包括知识的发送和知识的接受两个基本过程,这两个过程由不同的主体——发送者和接受者分别完成,并通过中介媒体连接起来。当知识的发送者和接受者愿意共享某项知识时,发送者从自己的知识库中选取和编码知识形成"发送知识",并通过中介媒体,发送至接受方。接受者通过中介媒体,接受和解码知识,并根据自己的知识积累和对知识的吸收能力对其进行解释和理解,形成"接受知识"存入接受者的知识库。发送者和接受者之间可能存在互动和信息反馈过程。

(3)正式的知识共享和非正式的知识共享模式

以正式组织结构为依托的正式的知识共享模式包括基于团队任务的知识共享模式和基于运作流程的知识共享模式。基于团队任务的知识共享是指围绕团队任务的执行,从知识形成、知识共享到知识创新的过程;基于运作流程的知识共享是一种与组织的运作流程紧密结合、以改善和提高组织绩效为目标的知识共享模式。存在于非正式组织活动中的非正式的知识共享模式,是指个人或组织通过非正式的途径和方式来共享超越自己知识范围的其他个人或组织的经验知识。在一个组织中,这三种模式各有优缺点,应相互结合互为补充。

知识共享的模式还与组织的运营模式及其组织文化有关系,在组织中应建立多种知识共享模式。

参考文献

［1］戴荣.知识管理引论［M］.北京：国防工业出版社，2012.

［2］梁林梅，孙俊华.知识管理［M］.北京：北京大学出版社，2011.

［3］廖开际.知识管理：原理与应用［M］北京：北京大学出版社，2011.

［4］张声雄.如何创建学习组织［M］.北京：北京大学出版社，2004.

［5］王凤彬.组织管理变革中的知识管理与应用［M］.北京：中国人民大学出版社，1999.

第4章 知识创新与国家创新体系

知识创新是知识管理的一个重要部分,它是知识创造、演化、转移和应用的动态过程。而国家创新体系是近年来发达国家对其经济社会发展进程进行研究总结而得出的理论成果,它从更深层次的角度分析了国与国之间经济发展差异的原因,同时说明进一步提高自身创新能力以谋求经济发展的重要性。

4.1 知识创新概述

4.1.1 知识创新的内涵

创新是一个民族的灵魂,是一个国家兴旺发达的不竭动力,是一个企业、国家和组织保持可持续发展能力的关键。但创新并不是简单地指创造新东西,而是具有特定的经济学内涵。它与"发现"和"发明"不同,发现是知识的新的增加,是发明和创新的重要知识来源;而发明是一个新的人造装置或工序,发明可申请专利,但事实上不一定为经济和社会带来利益;创新是创造和执行一个新的方案,以收到更好的社会效果。创新的另一个不同之处在于它是一种具有经济和社会目标导向的行为。一般来说,要使一项发明带来利润就需要创新,但创新并不一定要基于发明。从知识经济的角度来看,发现和发明活动是一种知识生产活动,而创新表现为知识创新。知识创新是知识管理的主要任务和内容之一,那是因为知识经济的发展需要不断的知识创新。

1997年爱弥顿在《知识经济的创新战略:认识的觉醒》中说:知识创新是指"为了企业的成功、民族经济的发展和社会的进步,创造、演化、分配和应用新的思想,使其转变成市场化的商品和服务"。即知识创新是为了满足未来竞争的需要,在创新过程中除了包含构建本来可持续性发展的基础外,还要产生新的思想,并将其融入有发展前景的商业产品中。从爱弥顿对知识创新定义来看,知识创新的概念远比技术创新要大而且要抽象得多,它包括知识的产生、分配和使用的全过程,体现了知识经济各个层面的内容,而技术创新则侧重于技术的商品化,范围要更加具体。

就国内而言,对知识创新的理解属于"科技创新"的范畴,对它的较为普遍的看法是:知识创新是指通过科学研究获得新的自然科学和技术科学知识的过程。知识创新的目的是追求新发现、探索新规律、创立新学说、创造新方法、积累新知识。知识创新是技术创新的基础,是新技术和新发明的源泉,是促进科技进步和经济增长的革命性力量。

知识创新是一个比较宽泛的概念。在知识经济日益发展的今天,知识创新所包含的范围越来越广,研究的内容也越来越多。与熊彼特当年定义的企业创新概念相比,知识创新更突出了当今知识管理的重要性,是熊彼特企业创新概念在新时期的演进和提高。我们认为,企业知识创新包括知识的产生、创造和应用的整个过程,即企业根据市场需求,通过创造积累新知识,传播、共享并引入经济系统,达到创造知识附加值、降低成本和谋取企业超额利润的目的,从而保持企业竞争优势和最终经营成功的过程。企业知识创新是知识领域与经济领域之间必要的中介桥梁,其本质就是通过知识使用和创新来实现知识与经济的有机结合。简单地说,企业知识创新就是企业使知识经济化和增加企业价值的过程。

无论是知识创新、技术创新、工艺创新、产品创新,还是管理创新和制度创新,一般都具有以下几个特点。

(1)创新过程是不确定的

创新的来源与创新机会的发生是不可预测的,创新没有经验可循,不可能制定一个计划时间表去执行,而且创新的失败率是很高的,十分之九的"卓越想法"都可能会变成毫无意义。有些想法经过认真分析,似乎有价值并可以实行,但十分之九会陷于失败,或者只取得微小的成绩。此外,预期的成本可能超支,而且最终的结果是高度不确定的。

(2)创新过程是知识密集的

创新过程集中地产生新的知识,它依赖于个别人的智慧和创造力及"互相作用的学习"。学习曲线是陡峭的,对任何参与创新过程的人员来说,学习是一个永续的过程。创新活动对人员调整非常敏感,因为这将会使知识和经验受损。所有参与的人在创新过程中都需要有紧密的联系和信息交流,否则知识就会损失掉。

(3)创新过程是有争议的

创新过程会有多种方案,各方案之间是竞争关系。有时采纳有潜力的创新会对既定的利益构成一种威胁。

(4)创新需要有一个独立于原有组织之外的组织

一个班子难以既要顾及当前又要设计未来,因为它们是两项不同的工作,所以最好把创新工作放到专门从事创造新事物的独立组织中去。

（5）创新过程是跨边界的

有证据表明，许多最佳创意从起源上来说是跨学科的或者是跨职能部门的，仅在一个单位内的创新过程是非常少见的。为了创新的需要，部门间的合作是必需的。有时候为了支持主要产品创新，而在其他领域获得了突破，如想要设计一个新的发动机时，第一台苹果计算机诞生了。

4.1.2　知识创新的理论

知识创新是一个经济学意义上的概念，其外延绝不仅仅限于知识领域。目前，组织知识创新的有关理论主要集中在以下三个方面。

（1）基于隐性知识与显性知识相互转化的 SECI（知识转换）过程

Nonaka 提出的知识创新 SECI 过程已经被广泛接受。他认为，隐性知识和显性知识是互为补充的实体，它们通过人或团体的创造性活动彼此相互作用、相互转换。简单来说，新知识是通过不同属性的知识和拥有不同知识内容的个人相互作用而产生的。这种社会认知过程有四种知识转换模式：知识从隐性到隐性转化、知识从显性到显性转化、知识从隐性到显性转化和知识从显性到隐性转化。①

野中郁次郎从显性知识与隐性知识的角度来认识知识的产生过程，认为知识是在隐性知识和显性知识的转化中形成了一个不断成长的知识螺旋，这种螺旋式的创新表现在两个方面。

---

① 易凌峰，朱景琪．知识管理［M］．上海：复旦大学出版社，2008：98．

①个人的隐性知识经过社会化、外在化、组合化和内在化四个阶段,实现了个人之间、个人与组织之间知识的传递,并最终又产生了新的隐性知识。知识的转化、传递和创造是一个动态的、递进的过程,当个人的隐性知识完成一次知识螺旋运动,并转化为新的隐性知识时,就开始了新一轮的知识螺旋(图 4-1)。

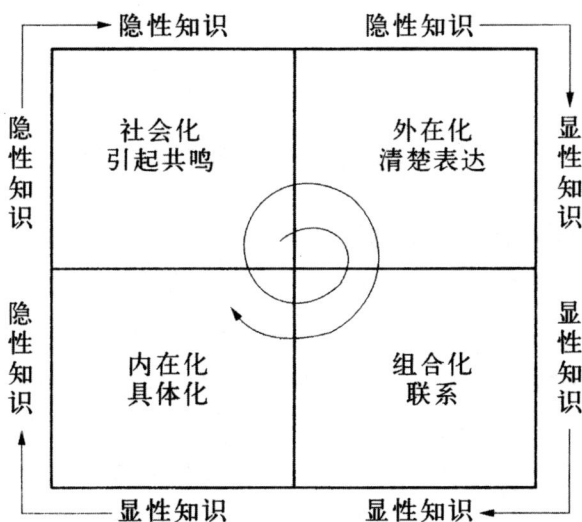

图 4-1　知识创新的 SECI 模型

②创新的知识是从个人知识层面往组织知识层面扩散的。这四个转化过程可以通过另一条路径成长,即个人的螺旋成长→群体的螺旋成长→组织的螺旋成长→跨组织的螺旋成长(图 4-2)。

如图 4-2 所示,在组织的知识创新过程中,个人知识可以往上转化为组织的知识;同时,组织的知识也可以通过教育培训、指示等自上而下传递。

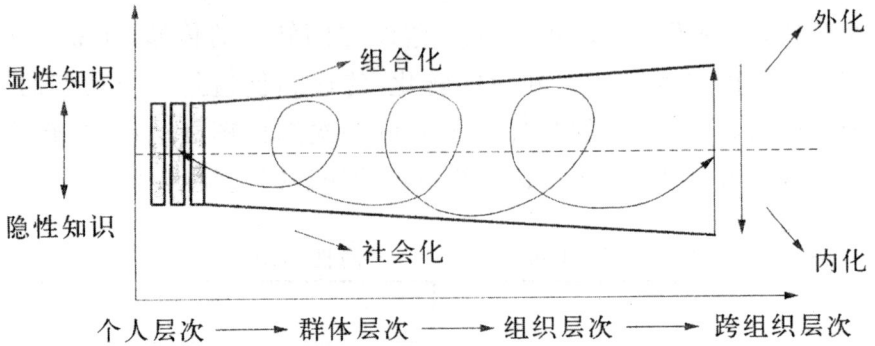

图 4-2　知识创新过程的知识螺旋成长

（2）基于愿景的知识创新

与 SECI 过程不同，Johannessen 等人开发了一个基于愿景的知识创新模式。他们认为，愿景给出知识管理的方向，它包括促进知识的开发、集成和应用。这需要建立有助于思想流动、有利于新知识开发、集成与使用的个人和团队网络。这种网络的构建依靠建立新的信息和沟通结构。新的信息结构包括 Internet、Intranet 和 Extranet 等。然而，这些虚拟的系统只限于传送显性知识。创造沟通结构是必要的，例如 Internet 和 Extranet 会议，它可以促进面对面的沟通，并将其作为隐性知识转变成显性知识的手段。这将有助于处理有限制的愿景问题，提高在环境中对其他知识结构的认知开放程度。同时，这也有利于提高雇员的责任感，促进其做出应有贡献，强化愿景和知识创新。

（3）基于实践团队的知识创新

实践团队思想的创始人 Dr Wenger 指出，由不同领域专家组成的实践团队可以分享和创造重要的知识。Unilever 是这方面的典范，它鼓励将实践团队的思想融入到企业的战略中，鼓励把车间和相关的人员结合起来，利用生产车间提供的数据、信息和相关的知识来分享和创造新知识。这些实践团队为 Unilever 带来大量新东西,从缩短停工时间、改进投资决策,到推广最佳实践的模式,跨越部门和企业界限协作的知识创新等。

虽然从不同角度提出了组织知识创新的理论,但这些理论还存在着不足。例如,在知识转化的 SECI 过程中,并没有说明每一子过程内部的具体情况。内部构成要素是什么,知识在其内部是如何转换的,其间存在哪些过程,这些我们都无从所知。基于愿景的知识创新理论没有深入到组织创新的内部过程,我们无法了解组织知识创新的内部机制是什么。而实践团队的思想虽然可以进行知识的分享和创新,但实践团队不是由组织制度保障的,其内部运行机制与影响因素也不甚清楚。

事实上,无论是学者还是组织管理者对组织创新的必要性都予以充分肯定,但到目前为止,有效实施知识创新的仍然很多,其中,理论研究支持不够是原因之一。企业要进行知识创新,首先就要了解企业需要什么样的管理知识和创新知识,它们的特征是什么。知识不能脱离人和组织而单独存在,必须同人或组织相结合。其次,要研究创新过程,组织内部的知识创新实际上是知识在组织内部相互转化的过程,需要隐性知识与显性知识的相互作用。再次,知识创新离不开知识管理,知识管理可以运用集体智慧来提高组织的应变能力和创新能力,通过产生新知识及更有效地利用之来提高个人或组织创造价值的能力。只有加强知识的组织、管理和利用,知识创新才能真正实现。

4.1.3 知识创新模式

由于创新涉及的因素相当复杂,虽然目标相同,但企业用以知识创新的方法是多种多样的,因此并不存在一个一般化的企业知识创新模式。但许多学者所提出的种种创新模型,对我们更好理解企业知识创新过程是大有帮助的。从知识创新过程和诱因来考虑,根据王方华(1999)和高洪深(2003)的研究成果,归纳了四种知识创新的基本模式。

(1)知识推动型创新模式

这种知识创新模式基于这样一种观点,即研究开发是知识创新构思的主要来源。这种观点称为创新的知识推动或发现推动模式。它认为一项新发现引发了一系列事件,最终,发明得到了应用。具体来说,就是认为知识创新或多或少是一种线性过程,这一过程起始于研究开发,经历工程和制造活动,最后是推向市场的产品或工艺。在这种观点下,市场只是被动地接受研究开发成果,对管理知识创新而言,也与之类似,先是理论研究取得突破成果,再将之应用于企业实践,从而完成创新。

(2)需求拉动创新模式

需求拉动创新模式是指由于客观存在的需求导致创新主体开展研究,并应用技术研究成果从事创新活动的模式。它是以市场经济为基础的,在激烈的市场竞争中,企业为了生存与发展,不断地进行技术创新。企业采用需求拉动模式,时间短、见效快,有利于发展那些短、平、快的技术创新项目。然而,由于需求拉动模式忽视或否定基础性研究对技术创新的作用,将导致人们不重视基础性研究,使技术创新的发展可能缺乏强有力的后劲。另外,对企业来说,在需求拉动模式中,市场需求为知识创新提供了机会,刺激了研究开发为之寻找可行的技术方案。从理论上讲,这种方案能让创新适于某一特定的需要,但它毕竟只考虑了一种因素,将企业所有资源全部投向单纯依靠来自市场需求的项目而未考虑潜在技术机会,也是不很明智的。

（3）交互作用型创新过程模式

交互作用型创新过程模式就是将市场需求与创新过程相结合的模式，即强调技术知识与市场的因素应放在一起考虑创新。该知识创新模式的总体格局可以被看成是一个复杂的组织内外沟通的交流网，这一网络不仅将不同的内部职能部门联结在一起，而且将企业与更广泛的科学和技术团体以及市场相联系。换言之，交互作用型知识创新过程代表了创新组织知识能力和实际需要的融合。该模式加强了知识推动型和需求拉动型中知识与需求的联结，它还意味着知识创新管理即是将市场需求和知识创新能力相匹配。在这种情况下，实际需要和研究开发之间的反馈是实质性的环节。

（4）一体化知识创新过程模式

一体化知识创新过程则将创新看做是同时涉及 R&D（研究开发）、制造、营销等因素的并行过程的转变，它比较强调研发和制造的界面以及企业与供应商和用户之间的密切合作，此模式代表了国际上最好的知识创新方式。波音公司在新飞机的研制开发中就采用了这种模式。[①]

4.2　知识创新管理

知识创新过程不能用传统的管理模式来进行管理，在知识创新过程的管理中，领导、中层管理者和基层员工的角色将发生变化。例如，中层管理者成为了知识创新的关键角色，位于组织纵

---

① 　李志刚．知识管理原理、技术与应用［M］．北京：电子工业出版社，2010：230－238．

向和横向知识流的交叉点上。知识创新的管理成为知识管理的重要活动。

4.2.1 知识创新的实现活动

SECI模型揭示了显性知识与隐性知识的转化过程中,知识创新的动态过程与机制。从技术操作层面分析,知识创新步骤应怎样? 主要的活动有哪些呢?

1. 知识创新实现的步骤

冯·乔治·克罗(Geong Von Krogh)等人认为,组织知识创新的基本步骤主要包括以下几个步骤。

(1)共同分享隐性知识

当一个团组的成员聚在一起,就某个特定产品分享他们的知识时,而这些知识就会外显化,可能包括预见到了消费者的需求,或获得了某种新技术的信息,或个人掌握了完成某项复杂任务所需要的技术。这时,知识创新的进程就开始了。

(2)创新观念

鉴于他们能够共同分享这样的隐性知识,这个团组就产生了一种新的产品设想。在这个阶段上,设想可能是从使用的观点设计的说明书,某一种算法,某种生产过程的描述、图表等。

(3)验证观念

接下来,这个团组就经常同外面的参与者接触,验证他们的设想。团组成员运用市场调查、基准测定、消费者关注群体、新潮研究、公司的着重点和战略,以及其他可采取的方法去收集支持或否定这一设想的理由。

（4）制造样品

经过这样详细的论证之后，为进一步开发而确定的设想就可以转变成样品了。样品成为了团组创新知识的有形体现。

（5）交叉测评知识

最后，这个团组负责同组织共同分享他们的大部分知识，包括扩大生产的团组和能够反馈到新产品上的市场营销小组，不同小组对创新的知识进行检验与测评。

2. 知识创新的实现活动

为了实现知识创新的步骤，冯·乔治·克罗等人认为，五种类型的知识实现活动是非常重要的，这五种类型的活动是：①驾驭谈话技巧；②具有知识创新的洞察力；③激励知识创新积极分子；④创造良好的环境；⑤把本地知识全球化。具体活动内容如下。

（1）驾驭谈话技巧

组织良好的人际关系能够消除不信任和疑虑，打破个人和组织的樊篱。有效的交谈可以提高创造力，促进隐性知识和观念更新的共同分享，是使知识跨越各层组织畅流的润滑剂。

在组织知识创新的每一个步骤中，谈话的作用都是不可缺少的。首先，个体拥有的隐性知识在高度信任的气氛中，可以为大家分享；其次，有效益的谈话会产生新思想，并协助参与者对新思想进行论证，产生新的样品设计与制造。它影响到 5 个知识创新的步骤。知识创新只能在人们呵护的气氛中才能诞生，在这种气氛中，组织成员饶有兴趣地采纳他人提供的进言。

例如，消费品跨国公司联合利华公司就认为，革新需要有一支高效率、守纪律的队伍。当一个团组的成员抱着宽宏大量、互相帮助的态度时，新的思想就容易产生，甚至极端不同的知识也能创立。在联合利华公司,这一做法的结果是成功地开发了一系列热销产品。公司通过奖励在产品开发方面表现突出的团组和认真安排社会活动,来培养这种互相关爱的人际关系。该公司的宗旨是:"我们长期的成功需要大家……有效地合作共事,并且肯于接受新思想和不断地学习。"

(2)具有知识创新的洞察力

深思熟虑的眼光可以有助于团体更有效地阐述他们萌发的构想。构想的论证是十分重要的,因为构想必须经过选择,使之最终达到公司的知识远景目标。具有洞察力,还将鼓励知识得到更好的应用,并有助于促进知识转化进程的合理化。

(3)激励知识创新积极分子

对那些发起和协同实施知识创新进程的员工进行激励非常重要。知识创新的积极分子可能扮演三种角色:①知识创新的催化剂;②新起步的协调人;③有远见卓识的商人。

知识创新的积极分子能够鼓励参加进来的小共同体,并在几个团体或团组的知识创新过程中起协调作用。对于那些发起和协同实施知识创新进程的人们,这样的激励将有助于在构想论证和样品制造方面实现更广泛的参与,而知识的小共同体则以各种专业知识(在制造、营销和法律上)给予支持。这一实现手段同样影响思想创新,积极分子能够发现存在的冗员,并且(或许)能在明确的创新知识方面起协调作用,因而有助于每个团体都把自己的工作同公司的总目标联系起来。

例如,通用电气公司于 1995 年 9 月启动实施 Six sigma 质量管理项目,杰克·韦尔奇就鼓励公司业务部门的资深经理在机构组织中传播这一消息。但是,要让 24 万通用电气公司如此多的员工认识该项目的重大战略意义谈何容易,特别是当新任务涉及难学的曲线和复杂的统计语言时,就更不容易了。1997 年 3 月

22 日,他给世界各地的通用电气公司的管理人员发送了一条具有激励性质的消息:管理人员需要在 1998 年 1 月开始"黑带"或"绿带"的训练(即成为 Six sigma 项目的质量专家),而这项训练必须在该年的 7 月 1 日前结束,以便使管理人员提升到高级的管理岗位。这一信息具有轰动效应。当管理人员被告知专心致志于 Six sigma 项目是提升的最低要求时,申请参加 Six sigma 项目培训的人数急剧增加。

(4)创造良好的环境

知识创新需要环境的支持,前面谈到了巴对于知识创新的支持,创造良好的环境是知识创新的重头戏,尤其是当它基于支撑组织的结构,并与公司战略联系在一起的时候。

因此,除了巴的建构,组织结构的变革也是创造这种环境的重要方面,促进成员进行知识交流的团结关系与合用的组织结构非常重要。创造适当的环境影响到知识创新的五个步骤,尤其影响到构想的论证和知识的交叉测评。

(5)把本地知识全球化

把本地知识全球化是强调跨越诸多组织层面传播和创新知识的问题。当知识的创新和应用被时空所分开时,将本地知识全球化,在引起组织机构的知识创新方面是有作用的。

把本地的知识全球化,主要可以通过三个阶段来进行。

①激发启动阶段。通过确认公司的业务商机或需求来启动知识创新的进程。例如,公司的某一个部门开发了一种新技术,并认识到这种技术对其他部门有潜在的商机,于是,进行分析和调查知识再创造可能产生的商业利益。

②包装和发送。这是实现知识跨地区、跨组织转移的关键,包装发送的知识既有容易复制的显性知识,又有难于共享的隐性知识,因此,培训和知识供应方与转移方的互动,成为必要。

③再创新阶段。当地的知识创新小组,首先打开包装的显性知识,分享他们观察到的隐性知识,分析这些知识中什么可以用于当地;进一步,创新小组进行设计,并将转移的知识与当地业务活动知识进行集成,一旦设计被证明符合本地条件,创新就得以初步实现。

4.2.2　知识创新的管理策略

从前面分析的知识创新系统模型出发,管理知识创新就要促进知识创新过程实现,营造知识创新的环境,并且管理组织的知识资产。野中认为,知识创新的管理过程,需要在以下四个方面进行努力。

（1）采用"中上下"的管理模式

传统意义上的管理模式是自上而下,基点是长官意志;与此相反,自下而上也不利于知识创新,容易造成各自为政。而中上下模式里,强调了中层人员作为知识创造者在促进组织知识创新过程中的作用。

在中上下的管理模式里,高层人员提出远景规划,作为发展方向,作为中层的人员将远景规划分解为实践中可以实施的众多具体概念,而一线员工关注具体的实施过程。

（2）拟定知识的发展远景

在知识创新的组织里,组织需要规划远景,来使组织朝它必须获得的知识方向发展,清楚说明这种远景,是高层管理者在知识创新过程中的重要职责。

而中层管理者在知识远景的实现过程中,作为一种桥梁,将高层人员制定的远景规划、价值体系分解为能有效指导知识创新过程的具体概念和步骤。因此,中层管理者是组织中真正的知识工程师。

（3）开发和促进知识资产的共享

知识资产构成了知识创新的基础。因此，在知识创新过程中，充分地在知识创新的三个层面管理知识资产，具有重要的意义。从组织结构来看，在知识创新组织中，应设有专门的 CKO（首席知识运行官）来负责知识资产的管理。

（4）建构知识创新的环境

知识创新的环境——巴，可以自发形成，也可以有意识地建立。因此，组织管理者可以通过提供物质空间，如交流场所、网络平台等来促进成员在知识创新过程的交流，实现巴的功能。从管理的角度来说，增加成员的自主性、培育组织知识共享的文化等，也可以强化巴的功能。

4.2.3　技术创新

通过提高技术创新能力可以使企业形成自己的知识产权，生产他人难以模仿的产品，这样有助于提高企业的市场竞争力，也有利于企业走上技术创新为核心的集约式的发展道路。

1. 技术创新的种类

技术创新是指把一种新产品、新工艺，或者新服务引入市场来实现其商业价值的过程。成思危认为，技术创新有三种基本类型。

（1）跟随创新

跟随创新是在已有创新的基础上，或者在它的外围，再去发展新的东西。例如 CDMA 手机，这个韩国 CDMA 手机是从美国引进的，它的核心技术还是美国的，但韩国近年来对 CDMA 手机的一些外围技术做了很多的创新，也掌握了很多这个方面的专利,这就等于在别人的基础上,跟随着在外围发现了很多创新。这种创新本身也有重要的意义,尽管它现在的核心技术还是要交给美国专利费,但是它外围的专利技术已经使得 CDMA 手机树立了比较良好的基础。

（2）集成创新

集成创新就是把现有技术组合起来,而创造一种新的产品、新的东西。如在复印机创新出来之前,其所有技术都是成熟的,但是要把它组合起来变成复印机,这个技术它是用组合现有技术创新出来的,所以这是个集成创新。

（3）原始创新

原始创新是指从一种发明开始。企业要创新必须具备自己的研究开发能力,在国外,企业研究开发费用根据行业的不同,一般是从 3％到 10％,特别是高科技的行业,如 IT、生物技术、制药等行业,它的研究开发费用都是要占到它销售额的 10％左右。有些企业的研究开发队伍也非常强,这些企业要保持这样一个能力才能不断创新,因为如果企业不能创新,它在市场的竞争中就很难立足。

另外一个方面企业对市场的需求要有敏感性,这主要表现在要能够根据市场的需求改进老产品或开发新产品。比如美国杜邦公司开发的尼龙,尼龙在投入市场初期的时候,只是用来制造降落伞和尼龙丝袜;到 1945 年尼龙扩大了用途,用于纺织用的精纱;1948 年扩大到轮胎,作为轮胎的帘子布;1955 年又把尼龙的用途扩大到用来做膨胀纱,1959 年把尼龙用来作为地毯纱。产品是有生命周期的,当一个用途的产品需求饱和以后,就开发出一个新用途,于是又打开了它的新的周期,这样不断地开发新用途,就使得尼龙应用的面越来越广,产品的生命周期就延长了,使它不断地保持盈利。

2. 集成创新

集成创新是技术创新的重要方法。成思危认为,所谓集成,包括知识集成、技术集成、产品集成、信息集成和人力集成。

（1）知识集成

它是在已有知识的基础上,通过对知识的有机组织来产生自己的知识产权。以复印机的发明为例,在发明复印机的时候,它所有的知识、技术都是现成的,但就是没有人想到怎样把这些现成的知识组合并运用起来,集成为一个新产品。而施乐公司解决了这个问题,研制出了第一台复印机。

（2）技术集成

技术集成就是要培养企业自己的核心能力。一般的技术创新经常只限于局部,因此企业长期发展,就要培养自己的核心能力。打一个比喻,如果一个企业是一棵树,而它的各种终端产品是枝叶,那它的核心能力就是根。没有核心能力这个结实的根,企业这棵树是没有办法生长壮大的。

NEC 在 20 世纪 70 年代末,在通讯技术上的实力和 A&T 公司相比还差得很远。在这种情况下,NEC 专门集中了一些人来研究公司的发展战略,研究公司应该怎么样发展才能在信息技术领域里占有重要的地位。他们对当时的整个技术发展状况做了一些分析,并以此确认了公司的 3 个发展趋向后,就决定要培养自己的核心能力。为此他们与全世界七十多个信息方面的公司建立了各式各样的合作和用户关系。经过 10 年的努力,到 20 世纪 90 年代初,他们在这方面的销售和能力,已经超过了 A&T,形成了自己的核心能力。

（3）产品集成

进行产品集成是为了要面向市场,真正提供给用户一个满意的产品或者服务,要给用户一个全面的解决方案。

美国有一家软件公司,拥有多种很有特色的软件,可是业绩并不理想,公司股票一直在下跌。为了找到其中的原因,公司老板请了一家咨询公司来分析。咨询公司对他的公司进行调查后说:你现在只是卖软件不行,一个软件也就是 5 万~10 万美元,而且用户买了还不能为他带来全面的改进。于是咨询公司建议他不要卖软件,而要卖总体解决方案,也就是软件集成。例如到一家客户公司调查,通过计算指出:用我的解决方案,一年可以帮你节约 600 万美元,但你得给我 200 万美元。这家软件公司采纳了咨询公司的建议改用这种方式以后,业绩马上就上升了。

(4)信息集成

全球制造网络就是信息集成实现增值的实例。全球制造网络是通过母公司主要做设计,把设计的图纸数字化,就可以传到世界上任何地方,再通过网络选择对生产某一个部件而言最好的制造厂,然后再选择一个比较合适的地点来安装,这样它构成了一个全球制造网络。

第三方物流企业也通过信息集成来实现增值。这个企业自己手底下可能没有一辆汽车,没有一个仓库,但是它能够接用户的订单,因为它掌握所有的储运信息:什么地区有闲置的储存能力和运输能力。只要订单一来,它就可以通过计算机查询,通过信息处理告诉客户:你这个货可以用什么工具应该运到哪个码头、应该存几天等,这样客户就不用操心了。

(5)人力集成

传统的分工理论到 20 世纪 80 年代时已开始显现出它的弊病:第一,因为它把工人都变成了螺丝钉,所以工人没有关心公司全局和创新的欲望,这样就抑制了工人的积极性和创造性;第二,分工论必然带来科层式结构,而层次多就容易使指挥信息失真;第三,由于分工造成了多部门,而多部门又导致我们通常说的扯皮。

于是重组业务流程来实现人力集成,就成了创新的有效方法,只有这样才能够提高效率,而信息技术的发展又提供了这个可能性。例如,家里电话坏了,首先告知电话公司,电话管理员又告诉调度,调度又告诉线路检查员;然后线路检查员告诉调度是哪一个线头松了,调度再告诉维修员,他修完以后最后再反馈给调度。本来接一个头就是一两分钟的事,可完成这个过程就要拖上一两天。而业务流程重组后,电话受理员身边就有电脑,他就可以从电脑上直接看到整个线路情况,发现哪个地方有了什么毛病,接着他就可以直接通知维修员尽快去修,这样效率就大大提高了。根据一家美国公司的实践,通过业务重组以后,电话的修理平均从两天缩短到两个小时。业务流程的重组后,第一,每个职工都有了一定的管理权限,这就有利于调动他的积极性;第二,管理层次、管理部门大大减少,所以扯皮现象、信息失真现象也大大减少;第三,逐步缩小了蓝领和白领的差距,蓝领工人也可以越来越多地参与管理。[①]

4.3　国家创新体系

4.3.1　国家创新体系的概念

国家创新系统(National Innovation System,NIS)又称国家创新体系,是指一个国家内各有关部门和机构间相互作用而形成

---

①　易凌峰,朱景琪. 知识管理[M]. 上海:复旦大学出版社,2008:104-111.

的推动创新的网络,是由经济和科技的组织机构组成的创新推动网络。它是在日益激烈的国际竞争环境下,各国为提高综合竞争实力和工作效率而进行的制度安排,是以一国的特有因素为基础,强调关系和相互作用,强调知识的循环流转,从而追求高效率和新功能的组织体系。这是一种在系统方法论指导下的机能体系。

各国学者对 NIS 下的定义如下。

英国经济学家克里斯托弗·弗里曼在 1987 年出版的《技术政策与管理绩效:日本的经验》一书中,首次提出国家创新系统的概念。他认为:国家创新系统是由公共部门和私营部门中各种机构组成的网络,这些机构的活动和相互影响促进了新技术的开发、引进、改进和扩散。1993 年,英国经济学家纳尔逊在《国家创新系统》一书中明确指出:现代国家创新系统既包括各种制度因素、技术创新因素,也包括致力于研究公共技术知识的大学以及提供政府基金、规划等机构,它们既相互竞争也彼此合作,共同促进了本国经济的高速发展。

据经济合作与发展组织(OECD)在其 1997 年的报告《国家创新系统》所言,国家创新体系的概念是建立在这样一个假设的基础之上的,即创新过程中各主体之间的联系对于改进技术实绩至关重要。创新和技术进步是生产、分配和应用各种知识的各主体之间一整套复杂关系的结果。一个国家的创新实绩在很大程度上取决于这些主体如何相互联系起来成为一个知识和技术创新的集合体的一部分。这些主体之间的联系可以采取合作研究、人员交流、专利共享、设备共置等形式以及其他各种方式。2002 年的 OECD(国际经济合作与发展组织)报告中又提出动态国家创新系统的概念。

目前世界上公认的创新型国家约 20 个,如美国、日本、德国、英国、法国、韩国、新加坡等。创新型国家具有四个重要特征：一是科技创新成为促进国家发展的主导战略，创新综合指数明显高于其他国家，科技进步贡献率一般在 70％ 以上。二是创新资金投入达到了一定的标准，R&D 投入占 GDP 的比重都在 2％ 以上。三是有很强的自我创新能力，对引进技术的依存度均在 30％ 以下。四是创新产出高，20 个创新型国家拥有的发明专利总数占全世界的 99％。

NIS 的功能可以描述为：依据国家目标、总体发展战略和重点任务，优化配置创新资源；理顺创新执行主体的系统内部结构和创新主体之间的关系，建立起良好的运行机制，增强创新主体的活力和它们之间的良性互动效应；不断完善创新系统的政策体系，提高创新资源的利用效率，为实现国家的社会经济发展目标、提高国家的经济竞争力和可持续发展提供服务。国家创新系统的功能随着它的结构变化而变化。在发达的市场经济国家，国家创新体系在解决市场失灵、政府失灵和系统性失灵方面具有特殊的功能。

4.3.2　国家创新系统的特征与组成

国家创新体系的特征可从以下几个方面来理解。

①国家创新体系是一个开放的系统，即使是来自外国的技术转移也是本国创新系统的有机组成部分。

②国家创新体系的核心是一种制度安排，其核心是科学技术知识的循环流转及应用。

③国家创新系统循环流转是通过体系内各组成部分之间的相互作用而实现的，知识流动主要是在一国的疆界之内进行的。

④各组成部分之间相互作用的实质是学习。

⑤国家专有因素对这种知识流动的方向和效率有着直接的影响。

⑥知识流动的效率和方向直接影响一个国家的经济增长实绩。

⑦国家创新体系也有系统失效问题。

⑧不存在一个国家创新体系的最优模式。

国家创新系统把政府、大学、研究机构和企业结合为一个有机整体,创新成为在分工基础上的彼此合作、相互协调的行为。由于各国的政治、历史和经济制度不一样,不同国家在创新各要素的作用、它们之间如何配合等方面的不同,从而决定了一个国家创新的绩效,决定了一国科技活动与经济行动结合的程度,决定了创新的容易程度,构成了不同特色国家的创新体系。就我国而言,国家创新系统的机构包括:经济科技管理部门,技术标准制订部门,科学技术研究机构,技术中介服务机构,学校,企业等。制度包括我国的有关法律和政策、相关的道德规范等。按照国家创新体系中各组成部分所起的作用,可以把所有主要构成部分分为环境层、基础层、亚核心层及核心层四个层次。其中,核心层主要是产业部门。产业部门是技术创新的主体,决定一国的产业创新能力。在系统的整个运行过程中,核心层形成的产业创新能力固然很重要,但它是前面几个层次的作用结果。亚核心层所对应的创新资源的生产和配置能力以环境层和基础层为依据,对核心层产业创新能力的形成起到支撑、促进甚至决定性作用,因此成为整个系统有效运行的关键环节,而文化因素形成的本国持续发展的基础又进一步决定了国家创新体系能否长期有效地运行。具体运行原理可以通过图4-3来表示。

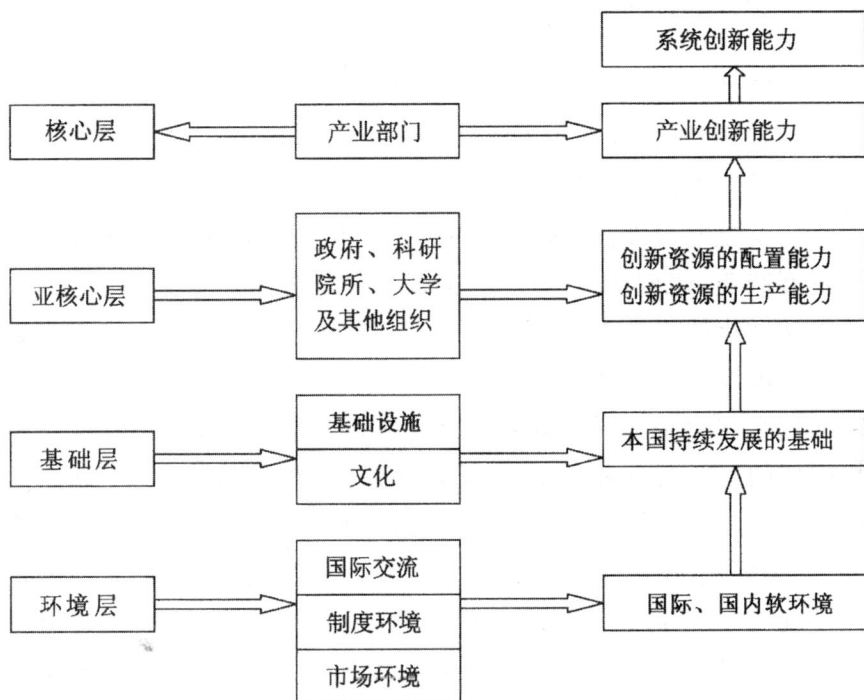

图 4-3　国家创新系统构成示意图

4.3.3　我国国家创新体系发展的思考

建设国家创新系统,是全面落实科学发展观,开创社会主义现代化建设新局面的重大战略举措,必将有利于提升我国自主创新能力和增强国家核心竞争力,改变关键技术依赖于人的局面。

1. 坚持自主创新,全面提升国家竞争力

从创新战略研究的视角看,中国改革开放以来社会主义国家发展的历程也是一个不断创新的过程。第一阶段是政策驱动型

创新。第二阶段是资本驱动型创新。第三阶段是资源驱动型创新。第四阶段是新技术驱动型创新。

中国的现代化也必须走技术创新的道路。目前要实现经济增长方式的转变，就要综合利用政策、资本和资源，重视建立技术创新驱动型的国民经济增长方式，新技术驱动型经济发展的创新战略。这就要以新技术改造现有的"民生"产业、能源产业和基础资源型产业，建构新技术产业，形成国家新技术产业基地。

从文化建设考虑，一个民族的科技创新能力在一定意义上取决于其创新文化的活力。

创新文化是与科技创新活动相关的文化形态，集中反映在关于创新的一般观念和相关的制度设置这两个层面上。在观念层面上，科学研究需要科学精神，其核心价值表现为求真务实、诚实公正、怀疑批判、协作开放；技术创新呼唤企业家精神，其核心价值表现为崇尚竞争、打破常规、敢冒风险、追求卓越；在全社会范围内，创新文化的核心价值表现为变革意识、超越精神、宽容失败、人文关怀。在制度层面上，首先涉及科学共同体内部的评价、荣誉、奖励、竞争、成果共享等各项规则，同时也包括整个社会范围内相关的不同科技创新活动的各种管理体制、协调机制和制度安排。

价值观念是创新文化的核心，制度建设是创新文化的保证。近年来，我国科技的产出效率不高，重大的创新成果较为匮乏，原始性创新难以涌现，科技大师屈指可数。其原因除受制于投入、条件和人才上的硬约束外，传统文化中的消极因素、计划经济的思维定式、管理机制中的弊端、教育体制中的缺陷，也严重阻碍了我国科技工作者创新意识的培育和创造力的发挥，成为重要的制约因素。这主要表现为：一是以创新为主导的价值观尚未成为普遍风尚。二是传统文化中的消极因素影响行为模式。"官本位"、

"家族"利益、"行会"观念及论资排辈等现象严重,使优秀人才难以脱颖而出。三是科研管理制度存在严重缺陷。四是有利于创造力的思维品格尚未形成。

从新制度经济学的角度考虑,路径依赖就是已有的选择对现实选择的制约。例如,技术演变或制度变迁一旦选定,它的既定方向会在往后的发展中得到自我强化,它既可能进入良性循环,也可能陷入某种无效率的锁定状态。一旦进入后者,要想改变就难了,只能借助外力。对一个国家来说,政策与战略的制定举足轻重。挪威学者界定了三种类别的路径过程,即路径依赖过程、路径转变过程、路径创造过程。我国在改革开放初期,在技术上采用"引进吸收"的战略,已缩小了与发达国家的差距,接下来要在引进的基础上逐步提高我国的自主创新水平,只有走自主创新的道路,才能赶上发达国家。

2. 制定配套政策和措施,激励自主创新

一个国家的创新体系是各种因素的综合表现,只在个别领域有突出表现还不够,还需要在其他技术领域赶上来。在改革开放初期,我国选择的是一条引进加消化吸收的路径。但到了改革开放 30 年后的今天,为了使我国成为一个创新型国家,必须在路径上进行重新选择:一是自力更生,逐渐摆脱对发达国家的依赖;二是大力培育有利于创新的社会文化环境;三是尽快建立健全促进创新的社会制度。由于国家创新体系是由国家有关部门和各种机构组成的推动创新的网络系统,因此,发展国家创新体系可从以下方面考虑。

（1）建立市场机制

国家创新网络系统必须以完善的市场机制为基础,这样才能利用经济杠杆调动和激励国家创新的发展,发挥企业的创新能动

性,逐步使企业成为技术创新的主体。而市场是检测创新产品的最终环节,产品有市场,才标志着产品创新成功。

(2)政府引领创新方向

不同时期有不同的重点产业领域,不可能每个行业和领域都照顾到,政府应根据国际变化情况和科技发展态势,根据我国经济技术发展国情,重点在关键行业和领域取得制高点。

(3)坚持对外开放

改革开放 30 多年来,特别是加入世贸后,我国经济得到了迅速发展。国家创新体系之间也是相互联系的,以开放的姿态迎接世界经济的挑战是必然趋势,以此为机遇才能催生出产业内部网络制造、虚拟制造、生产外包等合作创新的新形式。

(4)为企业营造良好的技术创新环境

①要创建必要的基础条件,比如建立技术创新服务体系等,为企业提供全方位的信息服务。

②充分发挥政府的职能,优化资源配置,调动各方面的力量,积极推进企业的技术创新。

③为企业技术创新提供有力的政策支持环境和资金支持条件,如对新兴产业和企业进行技术创新实行税收优惠,完善金融市场,开辟多种融资渠道等。

(5)积极培养科技创新型人才

①积极引进海外人才回国发展,加强与创业的公共服务工作,吸引海外创新人才到国内创业。

②通过出国学习、专项培训等方式,学习和适应国际市场竞争的要求。

③要重视发挥现有科技人员的作用,建立进行技术创新的激励机制,充分调动现有科技人员的积极性。

④以高新技术产业开发区、高科技园区、孵化器等为基础,支

持科技人员将科技成果商品化或创办高科技企业。[①]

（6）建立产、学、研紧密结合的科技创新体系

我国目前产、学、研结合地不够紧密，要借鉴发达国家的做法，发挥政府的职能，鼓励和推动企业、学校和科研机构结合。例如，高校和研究机构与企业共建科技创新中心，帮助企业进行技术咨询、技术诊断，共同实施科技开发，以促进企业的技术创新。也可以由企业委托科研机构和高等院校进行科技开发；还可让科研机构和高等院校领办、承包现有企业，促进科技力量向经济主战场的转移。

（7）鼓励和促进中小企业科技创新

我国中小企业数量较大，其就业容量和就业投资弹性高于大企业，技术创新数量的多少与企业规模并不成正比，因此，要充分发掘中小企业在技术创新方面的优势，认识其在技术创新中的地位和作用，把中小企业技术创新纳入到国家技术创新体系中。

总之，国家创新战略涉及国家整个系统的健康发展，以现代化为目标的发展战略的创新核心是技术创新，形成新的产业结构和布局是创新战略的基本框架，但同时要兼顾政治经济社会文化各方面创新的必要性和可能性。[②]

参考文献

[1]李华伟，董小英，左美云. 知识管理的理论与实践[M]. 北京：华艺出版社，2002.

[2]易凌峰，朱景琪. 知识管理[M]. 上海：复旦大学出版

---

① 李志刚. 知识管理原理、技术与应用[M]. 北京：电子工业出版社，2010：242－250.

② 刘文雯，史占中. 国家创新系统中的知识管理[J]. 重庆大学学报（社会科学版），2004，(3)：31－33.

社,2008.

　　[3]李志刚.知识管理原理、技术与应用[M].北京:电子工业出版社,2010.

　　[4]徐修德.思想的共享与创新——知识管理与创新的关系研究[M].北京:人民出版社,2009.

　　[5]刘文雯,史占中.国家创新系统中的知识管理[J].重庆大学学报(社会科学版),2004,(3):31－33.

第5章　知识管理技术探析

知识管理系统的构建不能脱离知识管理技术而存在,因为知识管理的各种功能都是依靠知识管理技术来实现的,通过知识管理技术的处理加工之后,知识处理过程变得自动化、智能化,大大提高了企业管理的效益和效率,能够创造的更多的价值。不仅仅是构建知识管理系统离不开管理技术,实现知识管理也离不开管理技术所带来的强大推动作用。不同的组织可以根据自身的实际情况,选择不同的技术来实现组织的知识管理。①

5.1　知识管理技术概述

在现行阶段,关于知识管理技术的定义有很多,其尚未得到完全的统一。知识管理涉及企业业务流程的方方面面,要想成功实施知识管理,仅仅依靠组织的调整和管理方法的更新是行不通的,一定要相应技术的配合才能实现。

知识管理技术狭义上的概念指的就是辅助知识管理实施的IT技术,是因为当信息技术出现后,知识管理的自动化、智能化

---

① 李志刚. 知识管理原理、技术与应用[M]. 北京:电子工业出版社,2010.

才真正得到实现。

知识管理技术广义上并不仅仅是一项技术,而是一个技术体系。从大的方面来讲,印刷术和视频会议技术也可以算是知识管理技术的范畴,它所包含的内容远远不止某个软件或工具。可以这样理解:针对知识管理的目标所采用的各种技术均可称为知识管理技术,包括知识管理的信息技术、知识管理工具和知识管理软件等等。它包括的技术内容异常繁多,覆盖了知识生产、分享、应用以及创新的各个环节。它同时又是多种信息技术的集成,这些技术结合起来形成了整体的知识管理系统,为企业提供知识管理服务。

综上所述,知识管理技术是建立在数据管理及信息管理技术的基础之上,针对知识特性而开发的、能够协助知识工作者进行知识生产、分享、应用以及创新的技术,是现代信息技术在知识经济时代的新发展。

最常见的知识管理技术有:文档管理技术、内部网技术、知识或数据挖掘技术、专家系统技术、搜索引擎技术、智能检索技术、群件技术、机器学习技术和知识地图等等。

5.2 知识管理的典型技术

5.2.1 知识地图技术

在知识管理实现过程中,流程占据了十分重要的地位,而实现流程的核心则是知识地图(Knowledge Mapping)。知识地图是为组织内的知识资源和专家创建一个目录,使得知识透明化,组织查找和使用知识资源的效率更高,处理更为便捷。知识地图是组织协作工作的重要组成部分。

知识地图,或称知识分布图(又称作知识黄页簿),是知识的库存目录。就好像城市地图显示的街名、图书馆、车站、饭店、学校、机构等各项资源的地理位置,知识地图显示的则是将抽象的各种知识项目和懂得这些知识的人员进行标注分类,形成映射关系,可以帮助人或组织按图索骥,找到他们需要的知识来源。其实质是利用现代化信息技术制作的组织知识资源的总目录及各知识款目之间关系的综合体,是组织中协作工作的重要组成部分。

知识地图类似于一个目录索引,上面不仅记录了所有的知识资源(已分类记录),还记录了各个类别的知识资源之间的关系。

一份完整的知识地图存放有着非常庞大的信息量[①],不仅能清楚揭示组织内部或外部相关知识资源的类型、特征及知识之间的相互关系,还能揭示组织的知识结构、业务流程、员工激励制度、客户承诺及组织用以创造和利用知识的技术。随着 Internet技术飞速发展和知识获取手段的日益增多,组织中的各类知识迅速增加,单一的知识地图难以完成对知识的管理,而要将其进一步扩展为知识地图集(knowledge atlas)。知识地图集的结构如图 5-1 所示。

---

① 不仅能提供知识资源的存储地点、所有权人、有效性、实时性、主题范围、检索权利、存储媒介及使用渠道等,并能揭示所有的知识资源,如文档、文件、系统、政策、名录、能力、关系、权威及专利、事件、实践经验等

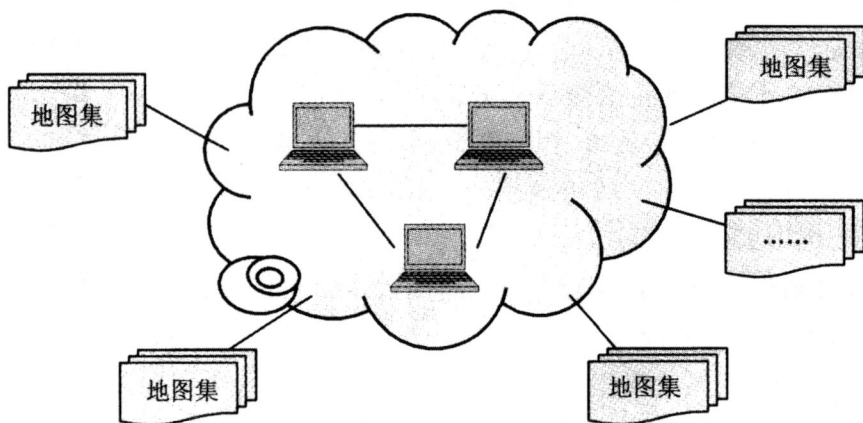

图 5-1　知识地图集的结构

　　知识地图集是将组织中多个知识地图通过组织内部网（Intranet）连接和整合，是对知识地图功能的进一步拓展。知识地图集涵盖的是各式各样类型的单一地图，它不仅可以将各个知识地图彼此之间的联系显示出来，还可以将项目和流程之间的联系表达出来。它不仅可以描述知识的内容和知识的存储问题，还描述了流程的时间、原因和结果等问题，更为便捷的是还可以表达出某些知识在什么时间被使用，不同活动和领域的知识间关系如何，这些活动为什么会发生等等。

　　在知识地图集的帮助下，组织中的成员可以知道他们的工作遇到问题时可以去查找学习哪种类型的知识以及到何处去找这些知识，同时，知识地图集还能够告诉他们某些流程的特点、最好的经验、常犯的错误，并能够显示知识创新是否真正实现，是否已偏离最终目标，偏离有多远等。

5.2.2　群件技术

1. 群件的定义

群件的英文单词为 GroupWare，顾名思义，就是以计算机网络为平台提供群体协同工作的软件。群件技术则是一个由电子邮件、文档管理与工作应用等几大部分组成的、支持人与人之间合作的电子技术，是知识管理的基础技术之一。

依据国际上对群件的定义，它是指以交流（communication）、协调（coordination）、合作（collaboration）及信息共享（information sharing）为目标，支持群体工作需要的应用软件。

2. 群件技术的特点与作用

群件首先是一个邮件系统，能提供基于 C/S 结构、支持 Internet 标准的电子邮件服务，在 Client/Server 环境下进行电子邮件传输更易于管理，易于共享并具有更高的效率和安全性。这也是用户最为熟悉、使用最多的群件功能。群件具有灵活的可伸缩性和足够的安全性，可以适应公司规模和管理结构的改变。其次，它是个工作流自动化的系统，它以工作流为手段，设计出与人们业务流程相吻合的干线，使各级岗位或部门能协同办公和信息共享。群件还可以降低基础设施建设费用，提高与其他应用性系统的联结，使之成为公司的信息中心。群件还提供可扩展的目录管理机制，使系统运转的安全性和可靠性大大提高。

群件提供了跨操作系统的平台和跨网络的传输协议，这一点在公司机构高速进行跨部门、跨公司通讯与数据交换时相当重要。另外群件的文档管理系统对于知识管理也有十分重要的意义。

总之,群件的特点在于它能够提供虚拟的工作平台,在这个工作平台上,员工相互之间可以交流看法,协同工作,减少了许多的重复会议和对话,克服了时间和空间上的沟通障碍,极大地促进了组织间的协作,组织间的运作成本大幅度降低,组织间知识的共享与交流更加深入。

5.2.3 知识门户

1. 知识门户的概述

门户是一个提供个性化和适应性接口的软件系统,用户通过这个接口能够找到相关的人、应用程序和内容。[①]

门户技术是随着企业信息化发展的需要而出现的一种应用整合技术。通过构建企业门户,企业可以帮助内部员工及管理者利用组织的各种业务系统,了解组织的运营情况;为外部客户及合作伙伴方便获取组织信息资源提供了一个统一的入口。而企业知识门户是企业门户的一种新型表现形式,它更关注组织内部员工和内部信息,是组织知识管理系统与企业门户的结合。

2. 企业知识门户的分类

根据不同的使用对象,可以将企业的知识门户分为以下三类。

(1)部门知识门户

以建立部门知识门户为重点,同时考虑与专业线条门户建设

---

① 王德禄. 知识管理的 IT 实现——朴素的知识管理[M]. 北京:电子工业出版社,2003.

和推广的衔接,重点满足专业部门业务管理的需求,并建立总公司与分/子公司的信息传递和沟通渠道。在知识管理应用方面,重点关注知识库、人才库、知识管理工具的建设。

(2)专业知识门户

以建立专业门户为重点,真正打通总公司与分/子公司的架构,满足专业业务线条管理的需要,实现各专业线条间的相关知识和经验的共享。在知识管理应用方面,重点关注知识社区、个人知识管理、项目知识库、竞争情报、关系资源管理等方面。

以建设即时通信系统为重点,包括:实时协作的视频聊天、视频 QQ、多媒体系统等的应用。

(3)集团公司知识门户

以建立集团公司统一门户为目标,打通专业线条门户,实现全集团公司范围内的工作协同、知识共享。在知识管理应用方面,需要不断对前期建设的知识管理功能进行深化应用和持续改进。

以建设 E-learning 系统为重点,并将学习和考试,培训和职业规划结合起来,实现公司学习方式的革新。

企业知识门户的结构如图 5-2 所示[①]。

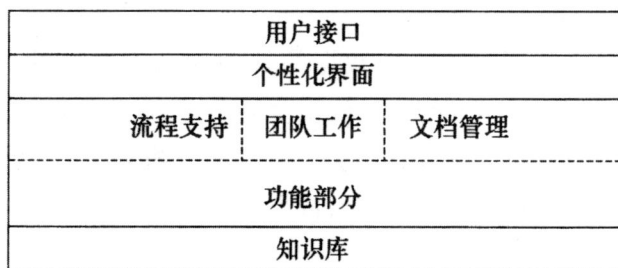

用户接口		
个性化界面		
流程支持	团队工作	文档管理
功能部分		
知识库		

图 5-2 企业知识门户的结构图

---

① 王众托.知识管理[M].北京:科学出版社,2009.

3. 企业知识门户的应用

企业知识门户的出现不仅为企业知识管理系统的建设带来了新技术,也为企业知识管理系统的应用提供了新思路。

①提高企业员工的学习能力,推动企业成为学习型组织,客观上提高了企业整体素质水平和企业竞争力。

②提升企业能力,获取与对手竞争所需的更高的反应速度,增加了企业的感知力以及对客户需求和市场需求的洞察力。

③提高产品与技术创新效率,为企业赢取竞争优势、提升竞争力。

④提高企业的综合管理水平,提高决策效率,降低决策成本。

⑤提高组织的协同管理能力,提高组织的响应速度和创新能力,提高了组织绩效。

⑥提供个性化的知识服务,企业知识门户以不同的内容和外观展现在每一个使用者面前,提高了员工的工作效率。

5.2.4 知识分析技术

知识分析是通过对企业数据的处理和知识文档的加工,寻找出数据和文档中隐含的规律,认识企业知识活动的微观机理的过程,也就是发现、获取知识的过程。知识分析实现的技术有很多种类,包括文本挖掘、商业智能、数据挖掘等等。

1. 文本挖掘

在信息量巨大而冗余的今天,不管是集体还是个人可以用来采取的信息量庞大而又杂糅,并且这些信息还处于不断地变化和更新之中,以往的信息检索技术已经被淘汰了,需要采用新的方法和技术来克服这一困难。文本挖掘技术就是在此背景下产生的新技术。

文本挖掘(Text Mining)是数据挖掘的一个分支,它是一个从非结构化文本信息中获取用户感兴趣或者有用的模式的过程,它是从非结构化的文本中发现潜在的概念以及概念间的相互关系,它从大型数据库中提取尚未被人们认识到的模式或关联。因此,文本挖掘技术的出现为文本信息的整理、分析、挖掘提供了有效手段。

文本挖掘涵盖多种技术,包括信息抽取、信息检索、自然语言处理和数据挖掘技术。它的主要用途是从原本未经使用的文本中提取出未知的知识,但是文本挖掘也是一项非常困难的工作,因为它必须处理那些本来就模糊而且是非结构化的文本数据,所以它是一个多学科混杂的领域,涵盖了信息技术、文本分析、模式识别、统计学、数据可视化、数据库技术、机器学习以及数据挖掘等技术。文本挖掘在商业智能、信息检索、生物信息处理等方面都有广泛的应用。

尽管文本挖掘过程与领域信息密切相关,但总体来说文本挖掘过程可用如图 5-3 所示。文本挖掘过程一般包括文本准备、特征标引、词频矩阵降维、知识模式的提取、知识模式的评价和知识模式的输出。

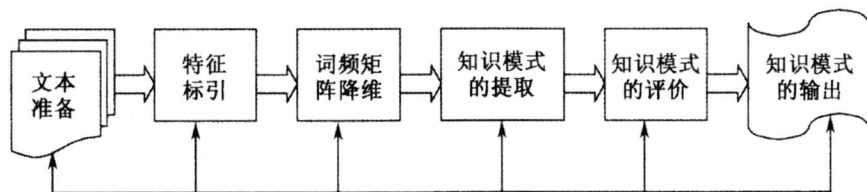

图 5-3　文本挖掘的一般过程

随着文本数据的迅猛增加,传统信息检索技术已无法满足实际的需要,而且存在于文档的有用信息,只有一小部分是与特定用户需求密切相关的情况。所以不清楚文档的内容,就很难形成有效的查询。文本挖掘可以完成不同文档的比较以及文档重要性和相关性的排列,或者找出多文档的模式及趋势。

2. 商业智能

商业智能是指利用已有的数据资源帮助组织做出更好的商业决策,包括数据访问、数据和业务分析及发现新的商业机会。[①]

3. 数据挖掘

数据挖掘(Data Mining)与文本挖掘不同之处在于其处理的对象是结构化的数值信息,以期能够发现不同数据属性的关联规则,对记录的数据信息采取聚合类别以及再分类处理,为构造数据的预测模型提供依据。

通过数据挖掘工具,企业可以在凌乱的数据中,找到有用的知识。

5.3 知识管理的前沿技术

5.3.1 XML

eXtensible Markup Language(可扩展标记语言),简称 XML,是通用标记语言标准(cStandard for General Markup Language,

---

① 梁林梅,孙俊华. 知识管理[M]. 北京:北京大学出版社,2011.

SGML)的一个子集。它是一项针对网络应用的面向内容的新技术,集 SGML 和 HTML 的优势于一身,具有更多的结构和语义,良好的可扩展性、自描述性,简单而易于掌握等特点。XML 的设计目标是使 SGML 像 HTML 一样能够通过 Web 发送、接收与处理。

XML 是 Internet 环境中可以跨平台使用的一种简单标记语言,它非常简单,即使所占用的存储空间比一般的数据要多,但它非常便于掌握。

XML 的数据库与其他语言的数据库相比,它没有强大的数据分析能力,只能够进行数据的展示操作,但它最大的特点是操作极其简单,简单到可以在任何程序中进行读写操作而无需在意应用程序是使用在哪种数据平台上。这种特性使其成为数据交换使用的公共语言,目前只有 XML 语言达到此程度。

XML 与 HTML 同是 SGML 的一个子集,它们都是使用在网络层面上规定数据的结构和内容的语言。但是 XML 与 HTML 有很大的不同,HTML 的功能仅仅是在页面上调用通用方法进行数据显示,其余操作却不涉及。但 XML 却拥有 SGML 的大部分功能,可以对数据进行关联操作,使其与上下文相匹配,而且实现这种功能所使用的技术却很简单。

XML 也与 SGML 有了一部分的不同之处,它清除掉了 SGML 在设计网站时一些非常复杂的,使用频率却很少的功能,并且重新定义了 SGML 一些数值。这样之后,使用 XML 语言设计的网站界面变得更加友好,开发者可以按照自己的意愿去定义文档类型,这点是 SGML 做不到的。

XML 主要由三个元素组成。

①DTD(Document Type Definition)/Schema(模式)。DTD 主要是规定数据逻辑层次上的元素以及属性之间的关系。Schema 主要是作用于数据类型。

②XSL（eXtensible StylesheetLanguage），可扩展样式语言。主要是规定 XML 的表现形式。

③Xlink（eXtensibleLinkLanguage），可扩展链接语言。主要用于扩展了 Web 上的简单链接。

5.3.2　知识网格技术

随着科技的飞速发展，万维网（World Wide Web）已经无法满足现代知识经济的发展要求了，于是出现了被誉为 21 世纪网络基础的网格（Great Global Grid）。

Great Global Grid 依托于优越的计算环境，可以将世界范围的各种类型的资源进行分布式计算，全面促进资源的使用和规划，提高资源的利用率和减少资源浪费。

现阶段，对网格的研究已经有了很大进展的欧洲网格项目提出了一种三层框架的网格结构，如图 5-4 所示。

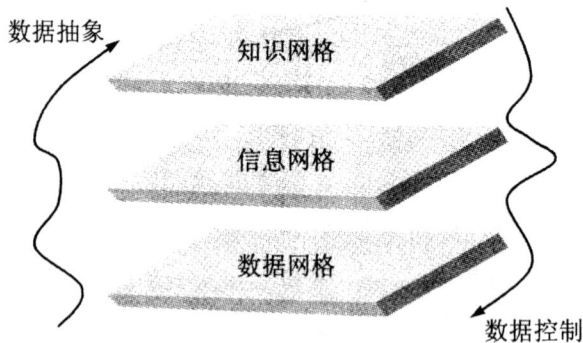

图 5-4　网格的三层框架结构

目前只有 Ian Foster 提出的五层沙漏结构（类似于 TCP/IP，如图 5-5 所示）和 IBM 与 Ian Foster 共同提出的开放式网格服务架构(OGSA)结构,如图 5-6 所示。

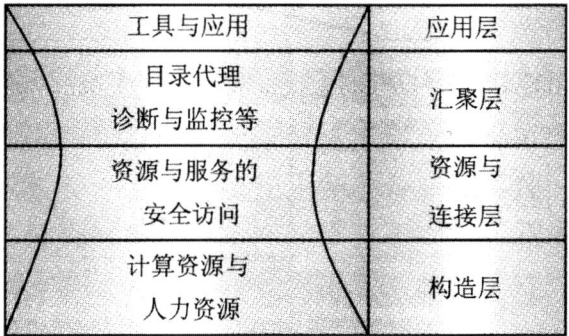

工具与应用	应用层
目录代理 诊断与监控等	汇聚层
资源与服务的 安全访问	资源与 连接层
计算资源与 人力资源	构造层

图 5-5　五层沙漏结构图

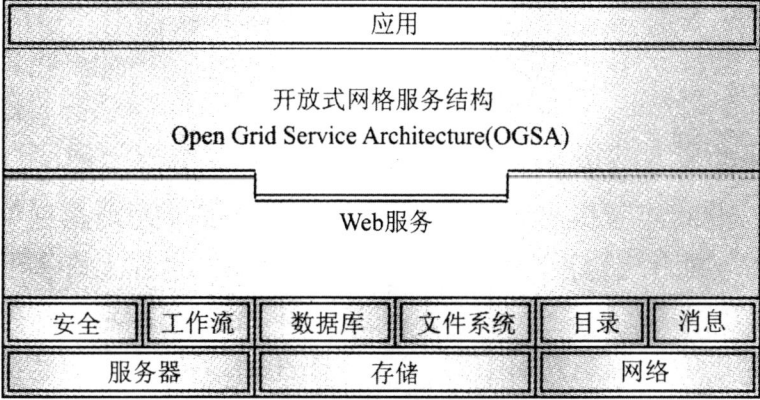

应用		
开放式网格服务结构 **Open Grid Service Architecture(OGSA)**		
Web服务		
安全	工作流	数据库	文件系统	目录	消息
服务器		存储		网络	

图 5-6　开放式网格服务架构(OGSA)图

网格研究的常见实例如图 5-7 所示。

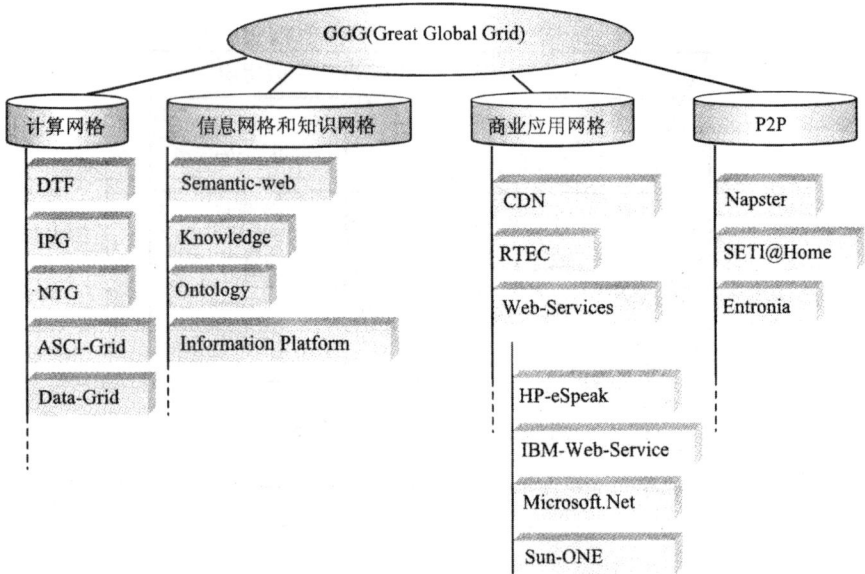

图 5-7　网格常见实例

对智能信息的处理研究与网格的研究有着共通的地方,二者都是对消除孤岛现象而努力。

知识网格(Knowledge Grid)是一种远远优越现在所有的信息检索技术,信息挖掘技术以及知识分析技术的新型技术领域。知识网格涉及的领域主要是知识的方法学和技术学[①]。主要可以使用虚拟组织进行知识管理的过程,并对其中知识管理过程中所出现的一系列问题进行有效的组织和评估,可以为企业组织真正实施知识管理时提供依据,避免因采取的不恰当的措施造成损失。[②]

---

① 知识工程工具、智能软件代理、数学建模、模拟、计划等

② 储节旺,周绍森等. 知识管理概论[M]. 北京:清华大学出版社,北京交通大学出版社,2005.

5.3.3　元数据与 RDF

1. 元数据

元数据最先开始是由美国的电子文件专家进行定义和引进[①]，从这一层面来讲上，元数据所涵盖的意义与计算机信息技术领域中元数据是一致的，都是用来描述网络上的数据和资源属性的。

元数据挖掘代理根据使用了 XML 方式标记的信息中去查询和确定相关的元数据，并按规定格式组成元数据记录。通过这些已经规定好格式的数据，我们可以将其进行资源整理，将它们分门别类进行存储，建立目录索引等，从而可以充分利用知识资源。现代对元数据的定义是：元数据是"结构化的编码数据，用于描述载有信息的实体特征，以便标识、发现、评价和管理被理解的这些实体"。

2. RDF

RDF 是 Resource Description Framework 的缩写，即资源描述框架。RDF 是一个处理元数据的 XML 应用，正常情况下，描述不同资源时可以使用很多的词汇，RDF 并不是去规范这些描述所使用词汇，而是进行描述时需要遵守的一些规则。

依据 RDF 规范，任何资源都可以被人们使用不同的词汇表进行描述，但是 RDF 使用较多的领域是 Web 站点和页面，这时

---

①　著名的电子文件专家戴维·比尔曼对其最初的定义是：元数据是关于数据的数据。

的搜索技术可以精准快捷地找到所需信息。

5.3.4　语义基础 Ontology

Ontology 最早用来解释或说明一个客观存在的系统，在意的事物的抽象特性，现在更多的被用于一种共享概念模型的形式化规范说明。它具有四个特性：概念模型（conceptualization）、明确性（explicit）、形式化（formal）、共享性（share）。

5.4　知识管理系统

5.4.1　知识管理系统的概述

知识管理系统（Knowledge Management System，KMS）作为实现知识管理的计算机系统，是一种综合性①知识管理平台。

总的来说，知识管理系统应该具备以下目标。②

①发布知识，使组织内的所有成员都能够应用知识。

②确保知识在需要时是可得的。

③推进新知识的有效开发。

④支持从外部获取信息。

⑤确保新知识在组织内的扩散。

---

① 融管理方法、知识处理、智能处理乃至决策和组织战略发展规划于一身。

② 梁林梅，孙俊华．知识管理［M］．北京：北京大学出版社，2011.

5.4.2　知识管理系统的结构和作用

1. 知识管理系统的基本层次

KMS 主要是由三个层次组成的,如图 5-8 所示。

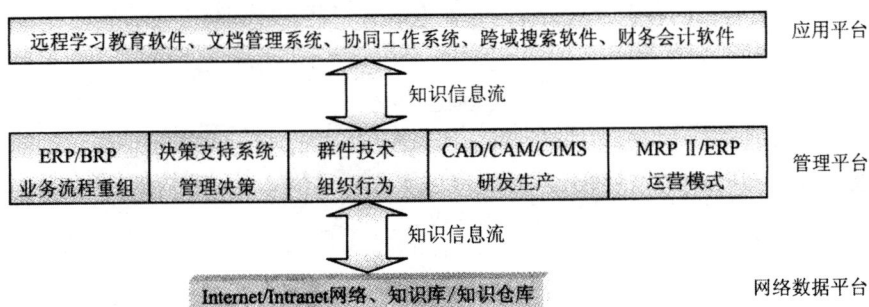

图 5-8　知识管理系统的层次组成

①网络数据层。起主要作用的是知识库以及知识仓库,为知识的存储和共享提供平台。

②管理层。根据企业组织进行知识管理实施的过程中的流程重组、管理决策、运营模式等平台的确立,支持组织内部的管理需求。

③应用层。这个阶层主要是面向客户的,应用于一系列客户所需的学习软件、管理系统、搜索软件等达到知识的获取、利用与共享的目的。

2. 知识管理系统的基本构成

(1)技术角度的知识管理系统的构成

从技术的角度看,知识管理系统可以分为:智能代理(Internet

与 Intranet 网络的信息传播)、多文档转化接口(各种文件格式进行的标准统一转化)、内容管理(保证信息的有效性)、知识发布与共享(建立起企业的知识库)、工作流协同(管理活动的和谐统一)、决策支持(产生企业价值),基于 XML 的知识管理系统模型如图 5-9 所示。

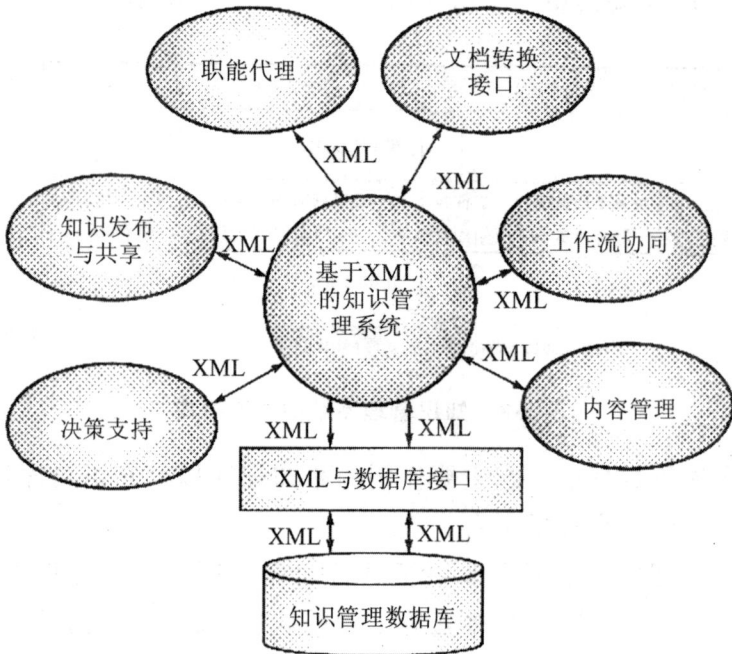

图 5-9 基于 XML 的知识管理系统模型

(2)功能角度的知识管理系统的构成

从功能的角度,企业主流 KMS 的模型框架如图 5-10 所示,它包括知识中心(显性知识与隐性知识的转化)、知识分析(数据挖掘技术)、实时决策支持(支持管理人员的决策)、系统管理(所有服务的管理)、分布式知识库系统(知识库管理系统协同工作完成对知识的管理)。

企业员工

合作伙伴网络

虚拟企业
知识联盟
…

HTML	XML
视 频	语 音
寻 呼	…

外部用户

Internet

Internet

知　识　桌　面

| 知识中心 | 知识分析 | 实时决策支持 | 系统管理 |

知识库　知识地图

搜索　挖掘

前台　后台

业务逻辑
安全管理
目　录
通　信
…

KB

其他分布式
知识库系统

| Agent 搜索器 | 统　计 | 工作流 | 群决策 |

神经网络技术

模糊聚类方法

粗糙集理论

…

智能决策

分布式决策

…

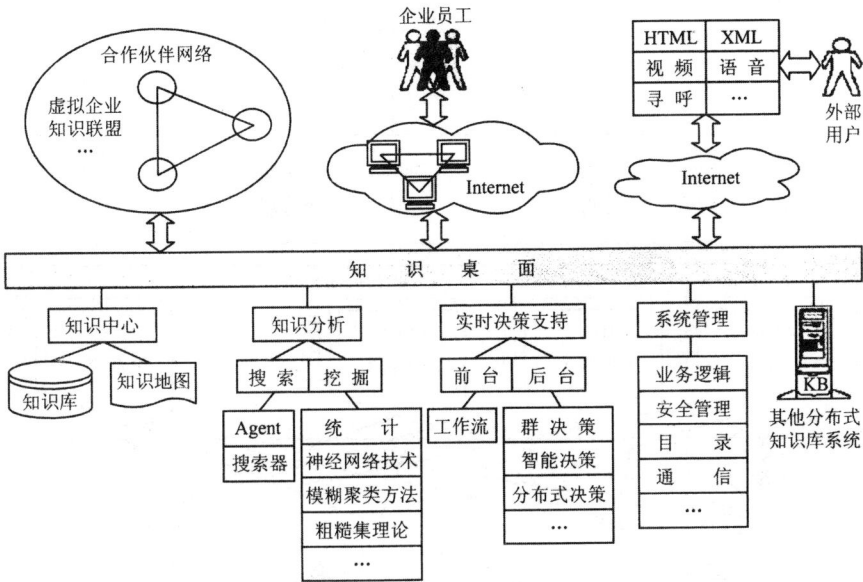

图 5-10　基于 Web 的企业 KMS 的模型框架

（3）系统角度的知识管理系统的构成

系统角度的知识管理系统如图 5-11 所示。KMS 分为上部的知识应用组件（包括了众多的模块和功能，也就是系统的功能子系统）和下部的知识存储（即知识库子系统），以及表示各功能子系统与知识库子系统之间联系的地图集和人机交互子系统（知识桌面）4 部分组成。其中，知识桌面具有知识管理功能的向导作用，是 KMS 具体功能的展示，具有访问控制功能。知识管理系统的输入输出功能分布在这些子系统内。

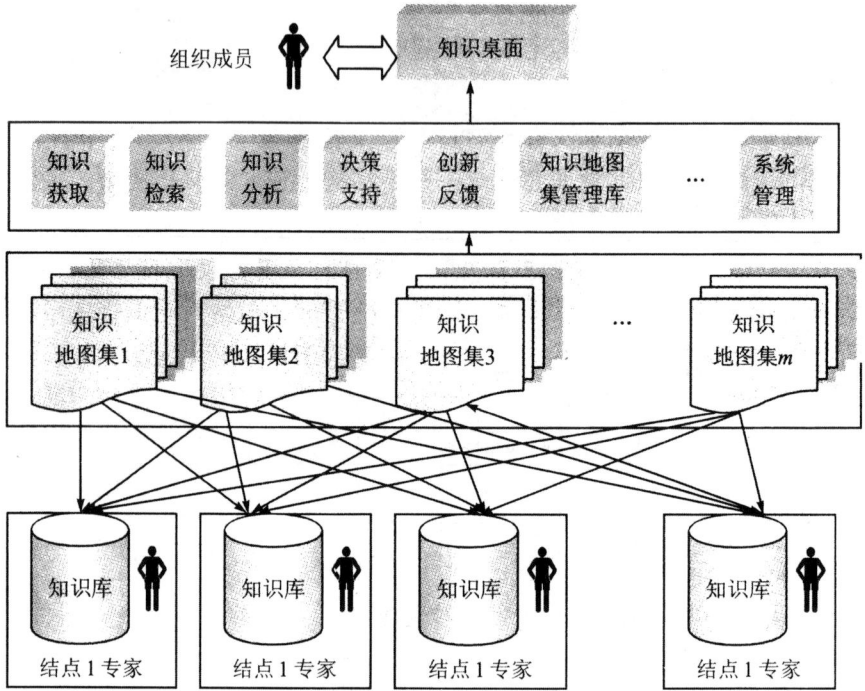

图 5-11　系统角度的知识管理系统构成

5.4.3　知识管理系统的过程模型

知识管理系统的过程模型主要包括知识应用层、知识生产层和知识资源层三个层次，如图 5-12 所示。

①知识应用层。通过知识工作者之间的交流、协作实现知识的分享、应用和创造。

②知识生产层。表示知识经过一系列的加工、分发、呈现等程序后进行库存，为知识的应用的流通方向。

③知识资源层。表示组织知识的来源。

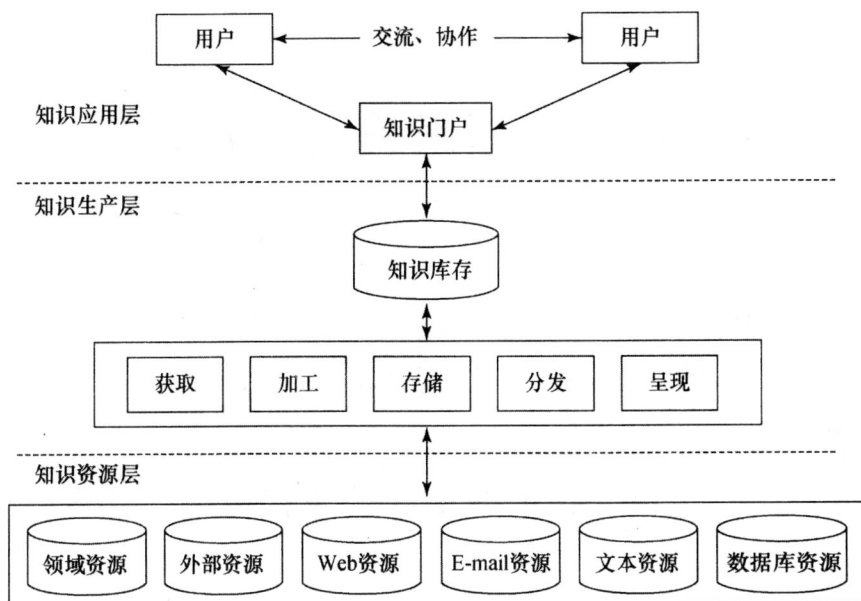

图 5-12　知识管理系统的过程模型

参考文献

［1］李志刚.知识管理原理、技术与应用［M］.北京:电子工业出版社,2010.

［2］储节旺,周绍森等.知识管理概论［M］.北京:清华大学出版社,北京交通大学出版社,2005.

［3］王德禄.知识管理的 IT 实现——朴素的知识管理［M］.北京:电子工业出版社,2003.

［4］王众托.知识管理［M］.北京:科学出版社,2009.

［5］梁林梅,孙俊华.知识管理［M］.北京:北京大学出版社,2011.

［6］廖开际.知识管理原理与应用［M］.北京:清华大学出版社,2007.

第6章 知识管理的运作方式

知识管理的形式多种多样,为了实现知识管理,可以采用流程再造、核心能力、企业文化以及其他的一些知识管理形式。

6.1 知识型企业的流程再造

6.1.1 知识流程再造

随着知识经济社会的发展,美国学者提出的企业再造理论已经为企业再造的知识管理流程奠定了基础,知识型企业的流程再造对增强企业核心竞争力有着重大的影响。

企业进行知识管理就是为了提升企业的核心竞争力,为企业创造经济效益,若知识管理的流程无法同企业的生产经营等业务活动相互融合,那么所谓的提升核心竞争力也就无从谈起。其次,进行知识管理的一系列流程,比如说知识的获取,知识的整理以及知识的分享和利用都是基于具体的活动之上的,没有这些具体活动,知识管理的流程不可能凭空就会发生,一定要与具体的业务流程相互联系才能发挥知识的功效。换言之,知识流程实质是与业务流程解决方向一致的线性知识流动,可以将其理解为业务流程在知识域的映射。此外,从知识管理的推进过程来看,知识管理也不能独立于企业之外,知识管理系统在进行知识的管理时必定要从企业的研发、生产、服务等各部门入手,在具体的工作流程中提取和应用知识,从而发挥作用。

知识流程的作用是完成组织某一目标或任务。在此过程中,一系列知识活动涉及的仅仅是知识的自我流动情况以及状态的变化。而知识流程再造则是对一系列知识活动按照一定逻辑顺序所构成的流程进行再造,会涉及对知识资源进行合理的配置,知识的流动方向也会得到合理的规划,从而促进组织内的知识学习及知识共享,提高组织的知识应用及知识创新能力。因此,对企业的流程进行再造有助于增强企业的核心竞争力,对企业竞争优势的获取与保持具有重要的意义。

6.1.2　流程再造的背景

美国学者提出了"企业再造"(Reengineering the Corporation)理论,对管理的组织流程进行重组、再造,直接引发了新一轮的管理革命。此后随着该理论的深入发展已经形成了以流程为核心的"企业转型"理论,主要是将企业的管理观念组织以及方法上进行探究和调整以适应外界不断变化的环境。[①]

企业再造理论的一开始重视的是信息技术的运用,发展到现在却更为重视企业之间的业务流程的过程,慢慢由企业内的流程再造提高到企业之间的流程再造。

传统的分工理论强调分工的精细和专业化,实践表明,该理

① 李志刚. 知识管理原理、技术与应用[M]. 北京:电子工业出版社,2010.

论为劳动效率的提高,企业竞争力的提升以及社会生产力发展发挥了无与伦比的作用,然而,随之知识经济时代的到来,人们的思想认识已经发生了很大的变化,分工理论逐渐显露出了在当下环境下不利于企业发展的弊端:①企业内部分工过于精细和专业化,造成作业流程变得越来越繁琐,整体作业过程和对过程的监控日益复杂化。②精细分工造成生产环节日益增加,管理所花费的代价越来越高,与分工协作的目标背道而驰。③企业内部的流程业务并不是为了满足客户的需求而存在的,之所以存在这些流程是因为企业的需要而不是因为客户的需要。

因此,企业再造理论认为要想满足客户的需求,重新占据市场份额,必须要改变原有的经营管理活动,进行回炉重铸,寻找最高效的方法满足客户的要求。

6.1.3 流程再造的内容

1. 流程的识别

①每一流程都有着不同的输入(IN)端和输出(OUT)端。
②执行的跨越性。
③目标和结果的专注性,每一个流程都只对结果表示关心,只对"What"进行回答,对"How"则毫不在意。
④流程的简单性,可被任一人理解。
⑤流程的关联性。所有的流程都是与顾客及其需要相关联的,流程之间也是相互关联的。

2. 流程的分类

企业准备对业务流程进行改造时,必须对各种流程进行分析，找出具有实质意义的流程。对不同行业的企业来说，以同一名称命名的业务流程可能包含不同的活动。一般将常见的流程分为两类：一类是经营流程，常见的订单处理，产品开发等都是属于此类；另一类是管理流程。[①]

3. 建立流程维护制度

业务流程经过改造以后，并不意味着从此就高枕无忧了，经过改造后的流程还要对其进行维护，不仅仅是对流程本身进行维护，还要对流程运行的规则、人员的综合技能、团队精神等进行观察和维护，保证流程的有效性。

4. 满足顾客需求

企业再造理论认为企业的流程必须是为服务于客户而存在，因此企业一定要做好客户需求信息的收集工作，否则整个流程再造最开始就会偏离航道，走上岔路，那整个再造工程就一点意义也没有了，反而浪费了人力财力。

6.2　知识型企业的核心能力

6.2.1　核心能力的概述

20 世界 90 年代，普拉哈拉德（Prahalad）和哈默（Hamel）在《哈佛商业评论》中首先提出"核心能力"这个概念。企业核心能

---

① 叶茂林，刘宇，王斌．知识管理理论与运作[M]．北京：社会科学文献出版社，2003.

力(Core Competence)涉及了很多领域的知识,包括战略管理理论、经济学理论、知识经济理论等方面,目的是对企业获取和保持竞争优势途径的探索。

企业的核心能力的实质上是一种能够为企业创造价值和经济效益的综合能力。

6.2.2 核心能力的特点

核心能力具有以下特点。

①整合性。核心能力并不是简单的结合,是对技能知识内在的融合统一。

②市场性。核心能力建立的基础是消费者的市场需求。

③价值性。核心能力能够为顾客带来长期的关键性利益,为企业保持竞争优势和创造超额利润。

④资源集中性。由于企业的各种资源都有限,不可能将所有领域的资源都集中,而是要好钢用在刀刃上,集中资源使用在重点资源领域上。

⑤独特性。又称排他性,独具性。企业的核心能力抽象于自身的员工、组织思想以及组织知识库,带有浓郁的企业自身风格,是其他企业难以模仿的。

⑥不可交易性。由于企业核心竞争力是企业内部资源、技能、知识的整合能力,是非常抽象的一种综合能力,无法用于交易。

⑦长期性。核心竞争力是绝不可能一蹴而就的,只能依靠企业自身经过积累和创造才能产生。

⑧变化性。就是说,企业所建立的核心能力并不是一成不变的,它具有一种随机应变的特性,是一种适应市场不断变化的能力。

众所周知,核心能力决定着企业生存与发展,已经上升到了战略的高度来认识。没有核心能力的企业就像无根浮萍,只能随波逐流,迟早都要灭亡。

6.2.3 企业核心能力的分析方法和建立途径

1. 企业核心能力的重要作用

企业的核心能力是企业各种资源的整合,包括企业知识、技术和技能,是一种企业自组织能力。企业核心能力具有十分重要的作用。

企业的核心能力为制定企业战略提供了目标和中心内容,也因为其能够为顾客带来关键性长期利益,故而能够占据市场优势,取得经济效益。

2. 建立核心能力的步骤

①企业的核心能力来源于它在某一时期的企业战略,在制定企业战略时,注意把握好与核心能力的关系,要把核心能力放在第一位,将核心能力与企业战略融合在一起,形成企业的根本战略,才能使企业拥有自身独特的竞争优势,才能立于不败之地。

②要改变过去将企业战略的重心放在基本活动上的境况,强调辅助活动的重要作用,已经有很多的企业开始为自己的职能部门或领域建立核心能力优势。

③寻找企业自身现有的核心能力或潜在的核心能力。操作流程是将企业所有的生产经营活动参与者,分成若干个工作组,每个工作组进行讨论归纳出本组的核心能力清单,交由最高管理者,最高管理者再召开全体人员的会议进行讨论,形成企业的核

心能力或潜在的核心能力。

④部署核心能力。企业已经拥有核心能力的前提下,怎样配属核心能力,为企业分配合理的资源,是企业创造价值的前提和保证。

⑤获得新的核心能力。随着外部环境以及企业的发展,原有的核心能力可能会不适应外部的变化而导致企业的优势丧失,这个时候就要寻找新的核心能力,消除旧的核心能力,这种循环使企业核心能力体系更加完善,有效地解决企业成长能力不足的问题。

⑥保持并保护核心能力的领先地位。核心能力确定之后并不是就一劳永逸了,可能会由于各种各样的问题导致核心能力优势的消散或丧失,所以核心能力的维护十分重要。

按照以上核心能力分析方法和建立途径以及建立步骤,最终应将企业建成知识型企业。

3. 核心能力确定时应注意问题

在确定和评价企业的核心能力时,可以围绕以下四个关键问题展开工作。

①确定企业到底具有何种真正出众的技能。确定核心能力时不能浮于表面,不能对企业自认为的优势直接当做核心能力,经常会出现企业确定了所谓的核心能力,但进入市场以及和对手竞争后发现所谓的优势根本就是错误的,难免会失败。

②确定企业的优势可能维持多久。核心能力产生的优势应该是外界企业难以模仿的。

③准确对企业的核心能力能够创造的实际价值进行估算。企业具有的能力并不是都能够为企业创造利润的,企业不应也不可能把所有的长处都列为核心能力,要集中资源突破少数关键的

核心能力。

　　企业要想获取核心能力，一方面除了要进行外界知识的获取，与各种各样可能存在的合作者建立合作之外；另一方面要加强内部的互动学习，创建学习型组织，建立员工激励制度，为企业创造提供强有力的支持。

6.3　知识型企业的企业文化

6.3.1　知识管理下企业文化的内涵

　　在当下知识经济时代，知识管理下企业文化是指企业在一定价值体系指导下所选择的普通的、稳定的、一贯的行为方式，企业人员可以在这种文化中系统地学习到知识，还可以与其他人员进行分享和创新。知识管理下的企业文化，有共享型的文化、学习型的文化和创新型的文化这三种内涵形式。企业文化还具有非常重要的作用。

　　①企业文化促进生产力发展、团结组织力量增强企业竞争力。

　　②企业文化对外部环境的伦理管理作用，包括对外部环境的管理和对自然界的生态伦理。

6.3.2　建立具有学习型文化的组织——学习型组织

　　学习型组织是从文化角度来定义组织的，就是通过组织成员不断学习而达到改革组织本身的组织。学习，对组织中的每个成员是终身性的,对团队和组织则是持续性的并可以战略性地加以运用的过程。就整体而言,学习是跟工作同时进展,且两者是统一的。学习不仅可带来知识、信念、行为方面的变化,还可增强组织的革新能力和成长能力。因此我们可以把学习型组织定义为把学习共享系统组合起来的组织。

学习型组织的特征具有自身独特的特点:开放性,以利于企业的发展;民主性,轻松的学习氛围;人本性;学习性,注重组织内成员的知识的学习;创新性,鼓励员工进行知识创新;能动性,领导者充分发挥领导力,激发起每个阶层人员的能动性;多元性,学习手段不再受限于传统学习方式,而是利用现代化网络技术、多媒体等助学;终身性,坚持学习,永不放弃;计划性,根据自身实际情况,有计划的去获取学习知识;智力的资源性,对人才的需求越来越强烈。

由上可知,对于企业来讲,创新是至关重要的,在构造学习型组织过程中,要紧紧把握创新这根主线。人只有通过学习才能进步和发展,企业也只有通过不断学习才能可持续发展,才能保持不败的地位。

6.3.3 创新文化和共享文化

1. 创新文化

文化并不是可有可无的东西,文化对于社会发展能够非常巨大的推进作用,创新文化并不是仅仅只局限于创造一个好的文化环境,更多的是指要依据文化来对创新进行指导和引领。

创新文化模式与世界多元文化是相一致的,也是多元的。现代大多数人将创新文化模式分为三种。

模式一：以个人为主，突出个人在创新中的地位。

模式一中突出的是个体的作用，以西方国家为代表，尤以美国为代表的文化。强调个体的自由平等，以个人价值观为核心，但是这种模式下，个体的作用太多强烈，组成的团体中凝聚力松散，团队工作不和谐。

模式二：以群体为主，突出群体在创新过程中的作用，即突出群体的地位。

模式二以日本的"群体创造知识"的创新文化模式为代表。日本的野中郁次郎和竹内广隆强调知识群体的创造性，与模式一中恰恰相反，这是基于集体的力量进行文化的创造。

这种模式从创新文化的角度来看，需要进一步探索、开掘，尤其需要探索在群体中如何允许更加灵活的个人自由等问题。

模式三：介于个体与群体之间，即介于模式一和模式二之间。

该模式有两种表现形式。

第 种表现形式是既没有像模式一那样对个人价值的重视，也没有模式二中那样的群体意识。[①]

第二种表现形式是个人价值得到尊重，群体的积极性得到发挥。这样，这种表现形式就有超越模式一和模式二单挡一面的力量。可以说，模式三的第二种表现形式，优于第一种表现形式，是中国和其他国家的创新文化的发展趋势。这种表现形式是一个极富潜力、极有前景的创新文化模式。模式三的优势一旦得到发展，也就可以看作是模式一和模式二各自优势的整合。

---

① 张润彤，蓝天，朱晓敏．知识管理概述(修订第二版)[M]．北京：首都经济贸易大学出版社，2007.

2. 知识共享的文化

企业知识共享文化建立具有长期性的特点,这是一种意识的渗透,利用企业的日常经营活动对员工进行潜移默化的影响才会形成知识共享文化。这一个过程则是相当漫长的。

通过以下这些途径可以培养企业知识共享文化。

①核心企业家及其企业管理层的意识、行为、作风和要求,都对其下属产生影响,是培养共享文化的手段方法之一。

②"形式化"、显性化企业的文化,例如,通过某种形式体现企业精神、企业经营宗旨等等,从而作为企业的精神旗帜和精神向导,不断地在企业内部强化企业文化,宣传和传播企业文化。

③通过一系列习俗、仪式不断地在企业内部强化企业文化、传播企业文化。

6.4 其他运作方式

6.4.1 知识型企业的递增收益网络

传统经济学告诉我们,资金、土地、劳动力等生产要素服从边际收益递减的规律。面积一定的土地上,增加一个劳动力,其产量可能会增加,再增加一个劳动力,其产量增加的程度肯定没有第一次那么多,甚至可能出现下降。在这种情况下,用于提高资源的效率的投资越多,获得的边际收益将越低。

对于以农矿产品和原材料为基础的工业,可以被这条规律成功解释。因此,在工业社会中,很大的经济利益来源在于未开发或未充分开发的资源中包括资金、土地、设备和劳动力。但是,收益递减规律并不能解释比尔·盖茨为什么成为全球的首富。

网络化、数字化社会的首要经济规律——收益递增规律可以解释。这个规律说明,在提高资产效率方面投资越多,获得的边际收益将越多(经过一段特定的时期后)。

可以比较两种类型的公司:生产机械等耐用品生产周期较长、利润较高的卡特彼勒公司,为了保持全球行业老大的地位,必须借助经销商同最终用户建立联系。经销商包括跨国公司,也包括小规模的家庭公司。公司的营销战略在于有效地处理它和经销商的关系。

又如微软公司,微软公司在计算机软件上名列前茅,它采取渐进手段,耐心地向顾客(最终用户)播下使用它们产品的种子,培育全球市场,尽管初始的收益不那么高,但一旦种子发芽,公司的收入、利润和股东收益就将大增。因此,后者在知识经济中具有逢勃发展的更好条件。

在边际收益递减的经济体系中,管理的主要职责就是分配稀缺资源——今天出售的越多,明天能出售的就越少。而在因特网浏览器和移动电话的市场上,今天出售的越多,明天却能出售的更多。因此,智力成分成为衡量成功的重要标准。

6.4.2　知识型企业的网络营销

营销对于现代企业不只意味着销售,其内涵包括市场调研、产品设计开发、促销、广告、公关、售后服务、信息反馈等方面,而网络营销,是利用国际互联网开展销售活动。知识主管应利用不断完善的直接面对用户和合作伙伴的互联网络与销售代理和各阶层的消费者建立持久合作关系。

（1）产品策略

在互联网上，消费者接触到的不是实物，而是声、像、文字组合的信息。这种信息应能充分显示产品或服务的性能、品质和特点。对消费者有可能提出的疑问，做一个全面的诠释和介绍。甚至可以设立一对一及时的网上答疑，拉近产品与消费者的距离。

（2）价格策略

充分了解客户对于价格方面的各个需求，比如说询价时是否要求及时回应，面对高价格商品时是否接受议价等措施来培养品牌的忠诚消费者。

（3）渠道策略

充分利用各种科技手段将产品各个特性中展示在客户面前，主动与销售代理商进行沟通交流，建立畅通的销售渠道。

（4）促销策略

网络营销的发展和创新需要企业各部门包括设计、生产制造、营销等部门共享经验，整合并相互利用顾客知识。知识主管应善于把人力资源和营销战略有机结合起来，建立收益递增的外部网络，可以相信，这种投入的回报必然是巨大的。

参考文献

［1］张润彤，蓝天，朱晓敏.知识管理概述（修订第二版）［M］.北京：首都经济贸易大学出版社，2007.

［2］叶茂林，刘宇，王斌.知识管理理论与运作［M］.北京：社会科学文献出版社，2003.

［3］李志刚.知识管理原理、技术与应用［M］.北京：电子工业出版社，2010.

［4］梁林梅，孙俊华.知识管理［M］.北京：北京大学出版社，2011.

第7章 知识管理的实施与评价

在知识经济时代的今天,成功的实施知识管理成为企业获取和保持核心竞争力的关键。知识管理的实施首先要在小范围内取得成功之后,再扩展到整个组织机构,在知识管理的实施过程中,要注意选择合适的切入点和策略,知识管理实施之后的评价与改进措施也是十分重要的。

7.1 知识管理的实施

7.1.1 知识管理实施的举措

1. 埃森哲的知识管理实施策略

全球最大的管理咨询、信息技术和业务流程外包的跨国公司埃森哲在多年的知识管理咨询实践中发现:几乎全部的组织已经意识到了知识管理的重要性,但有的组织的管理者却不知晓怎样在自己的组织中去进行有效地知识管理,还有一部分组织即使已经实施了知识管理,却只是实施了知识管理的某一部分,无法达到预期目标。

埃森哲强调:知识管理是非常复杂而又多角度的,涉及组织管理的各个方面和流程(比如组织的系统、流程、员工激励、战略联盟等),知识管理的能够成功实施不仅仅是某一方面的因素,它是组织中多因素(技术、人力资源实践、组织结构、组织文化等)共同作用的结果,确保将恰当的知识在恰当的时候传递给恰当的人。其战略变革研究院根据组织关键能力的建设,开发出了组织知识管理实施的选择策略框架。[①]

(1)首先对不同性质的工作进行分类

选择策略框架首先要进行的是对核心流程中的工作性质进行评估和分类,可以从以下两个角度来划分:一是工作的复杂程度,是常规性的日常工作还是解释/判断性的复杂工作;二是员工之间相互依赖的程度,是单独的个体可以独立工作还是需要团队进行合作。按照上述两个角度,可以将组织中的核心工作分为如图 7-1 所示的四类模式。

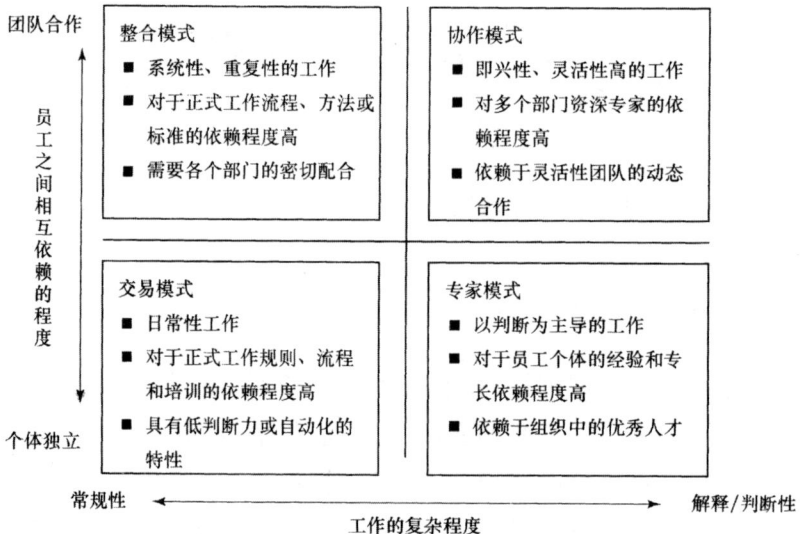

图 7-1　不同的工作模式

①　梁林梅,孙俊华.知识管理[M].北京:北京大学出版社,2011.

各工作模式的依赖程度以及特性见表 7-1。

表 7-1　各工作模式的依赖程度以及特性

工作模式	工作复杂程度	依赖程度	特性
整合模式	复杂性工作	员工合作完成,对正式工作流程、方法或标准的依赖程度高	需要各个部门和领域的密切配合
协作模式	复杂性工作	员工合作完成,多个部门(领域)对资深专家的依赖程度高	即兴性、灵活性高
交易模式	日常性工作	员工个体独立完成,对于正式工作规则、流程和培训的依赖程度高	低判断力、自动化
专家模式	复杂性工作	员工个体独立完成,对员工个体的经验和专长依赖程度高	依赖于组织中的优秀人才

一般情况下,不同的工作流程会对应不同性质的工作模式,比如:供应链管理通常属于整合模式,而市场管理和财务管理的工作性质通常和专家模式相关。工作流程和工作模式的一般对应关系如图 7-2 所示。

需要特别注意的是,上述的对应模式并不是一成不变的,因为不同组织中同一工作流程之间的差异会非常大,比如销售既可以采用专家模式,也可以采用整合模式。因此,基于不同组织的不同工作性质来选择不同的知识管理策略,是至关重要的。

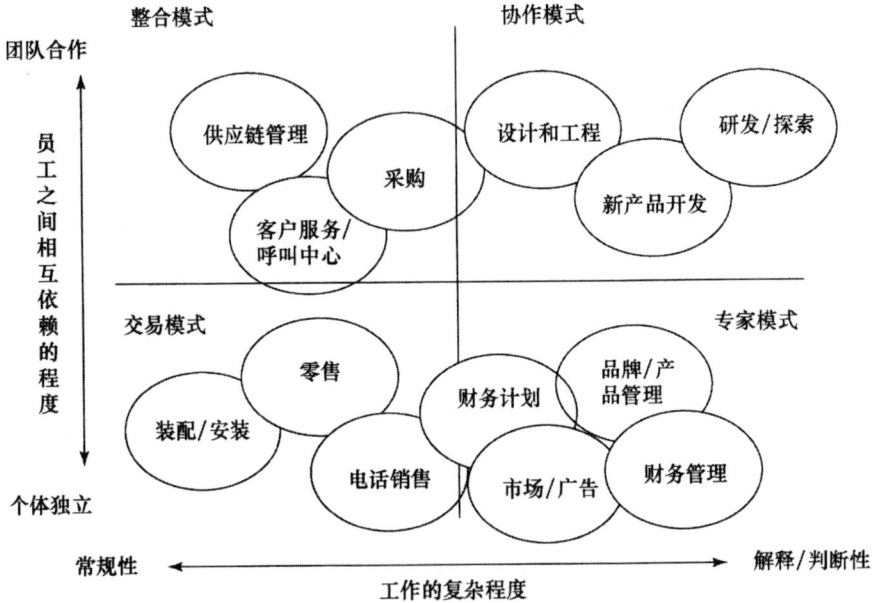

图 7-2　不同工作流程对应的不同工作模式

（2）明确每一类型工作所面临的挑战

要想更好的对不同的工作模式进行知识管理策略，还需要明确每种工作模式所面对的不同挑战，针对不同的挑战采取不同的应对措施，对症下药。比如，协作模式将面临创新的突破问题，组织对此鼓励员工进行冒险；专家模式所面临的问题是对那些经验丰富、拥有专长的核心优秀员工进行激励，同时还要尽量避免不同优秀员工之间的信息孤立、无法顺畅地流通的现象。不同工作模式所面临的具体挑战如图 7-3 所示。

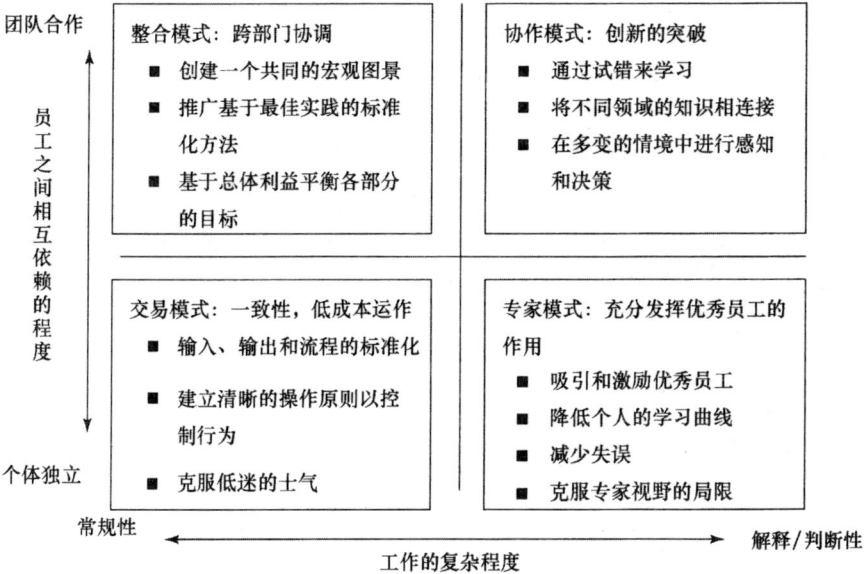

图 7-3　不同类型工作模式面临的不同挑战

（3）不同类型的工作所应采取的知识管理策略

不同的工作模式在处理各自所面临的挑战问题时，需要采用各自相应的知识管理策略支持：整合模式的关键之处是要将组织中的各类流程和团队有效整合，并且要设立最佳实践标杆；交易模式的重点是如何尽量使此类工作常规化和自动化；专家模式的关键在于从其他公司招募到优秀的员工，或者通过长期的人才战略和员工职业发展规划培养优秀人才；在协作模式中，为了在创新方面有所突破，可以借助于行动学习鼓励新知识的创造，如图 7-4 所示。

团队合作

员工之间相互依赖的程度

| 整合模式：
■ 整合流程
■ 整合团队
■ 设立最佳实践标杆 | 协作模式：
■ 策略框架
■ 知识联结
■ 行动学习 |
| 交易模式：
■ 常规化
■ 自动化
■ 生产化 | 专家模式：
■ 招聘有经验的专家
■ 师徒制/员工职业发展
■ 能力保护 |

个体独立　常规性 ←——————————————→ 解释/判断性

工作的复杂程度

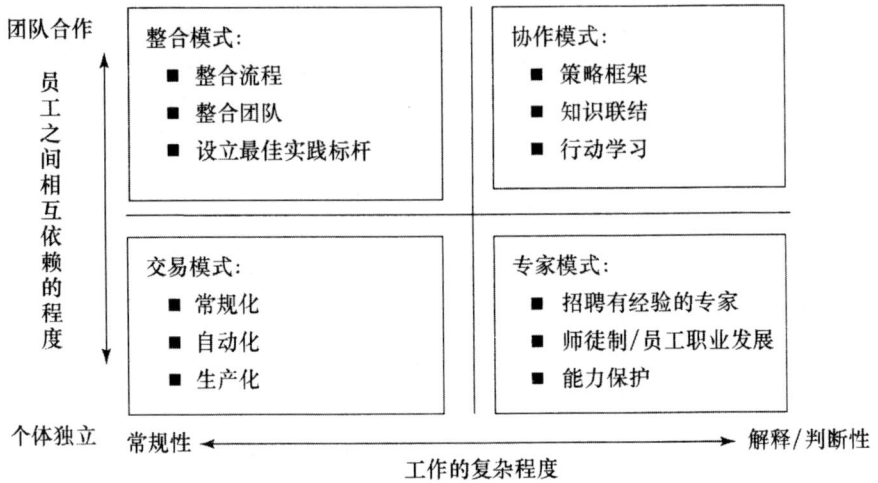

图 7-4　不同工作模式选择的知识管理策略

2. 知识管理实施的六个切入点

　　知识管理的内容很多，企业组织相当丰富，组织具体实施知识管理时一定要根据实际情况选择不同的切入点，不能随意或者盲目的进行选择。要结合自身行业特性，企业规划以及业务流程、文化等实际情况进行综合考虑。还要注意考虑员工的心理，选择最有利于员工接受的方法，顺利实现知识管理。

　　（1）以信息技术为导向的知识管理项目

　　在一个信息技术使用较为普及的公司中，选择与知识管理相关的信息技术运用作为切入点，优点在于员工的抗拒心理较小，接受学习新的知识和技能较为容易，变动幅度小，易于推行。反之，在一个信息技术使用较少的公司中，如果选择首先从信息技术的层面来推行知识管理，就很难跨出第一步。

　　但信息技术只是知识管理成功实施的一个必要条件，仅仅是一个层面,知识管理还有许多其他层面,如果要实现知识管理的成功实施,组织一定还需要增强其他层面的切入,做好其他层面的工作。

（2）以最佳实践共享为导向的知识管理项目

要以最佳实践作为共享作为切入点的话,首先要做好最佳的工作方式和最好的工作典范的搜集工作,再将这些最好的工作经验分享给所有员工。例如,将如何做好客户服务,如何进行项目管理等知识存入知识库,共享给所有的员工与团队。

（3）以组织学习为导向的知识管理项目

此类知识管理实施的切入方式主要强调以下几点。

①把组织视为一个学习的系统。组织内的每一位员工都在进行自我调整,进行新知识的学习与创造,以期让组织具有高度灵活性,能够适应外界环境变化。

②成立并支持学习与实践的团队。每一位员工可以按照自己的兴趣爱好和意愿与不同的人进行知识的分享和创造。

③重视知识技能的发展与优势。为员工提供足够的资源用于学习,并鼓励尊重知识的文化。

④建立自主性组织。推行自我管理的组织文化。

这种切入点主要重视知识管理的企业文化的发展,但在实际中该切入点的方式过于抽象化,没有具体的流程或知识管理可供参考,也没有具体的工具可以支撑,实际企业能够应用的较少。

（4）以决策为导向的知识管理项目

该切入点将知识和决策结合在一起,要求决策者在制定决策时使用知识作为支持。其主要做法如下。

①通过与决策人进行沟通交流,找出支撑公司决策所需要的知识,即从决策上思考知识的价值。

②为了提高知识实际的运用价值,公司规定设计者进行设计

时必须利用组织所提供的重要信息和知识。

以决策为切入点实施知识管理时,组织应具备良好的文化、激励措施和流程设计,否则员工不会配合;另外,如果缺乏信息技术和组织结构等其他方面的配合,知识管理将难以持久。[①]

(5)以知识(智力)资本评估为导向的知识管理项目

能够为企业创造价值的主要支撑是知识(智力)资本,它是组织最重要的竞争能力,但传统的财务报表和资产负债表上无法清楚地表示评估知识资本,因此容易受到忽视或闲置浪费,缺乏妥善的管理。

目前许多企业已经充分认识到对于知识(智力)资本进行评估的重要性,以知识(智力)资本评估作为引入和推进组织知识管理的切入点。评估内容可以包括以下几点。

①人力资本的评估。员工的在职培训费用、员工心态、员工的学历/工作年限/流动率/经验/技能、员工的授权、员工的领导力等。

②流程资本的评估。企业价值链系统的效率和贡献、企业管理的效率高低、企业技术工具的渗透力和普及率、企业质量的投资与表现、企业技术运用和选择能力的高低等等。

③创新资本的评估。顾客预期、市场预期、创新投资、外部合作、创新环境、员工成长等。

④顾客资本的评估。对顾客特性的了解、顾客的维系、顾客角色的扮演、顾客的支援与服务、顾客关系的成功比例等。

(6)以流程改进为导向的知识管理项目

改进业务流程是知识管理的中心内容之一,其目标是为了另

---

① 林东清. 知识管理理论与实务[M]. 北京:电子工业出版社,2005.

辟蹊径,把工作做得更好。①

　　流程最大的价值在于改变了以往组织职能的局限性,水平性地以客户需求为导向,把流程从职能组织背后提升到前面来。组织正是通过无数职能交叉型的流程,生产产品,并为客户提供服务。流程示例如图 7-5 所示。②

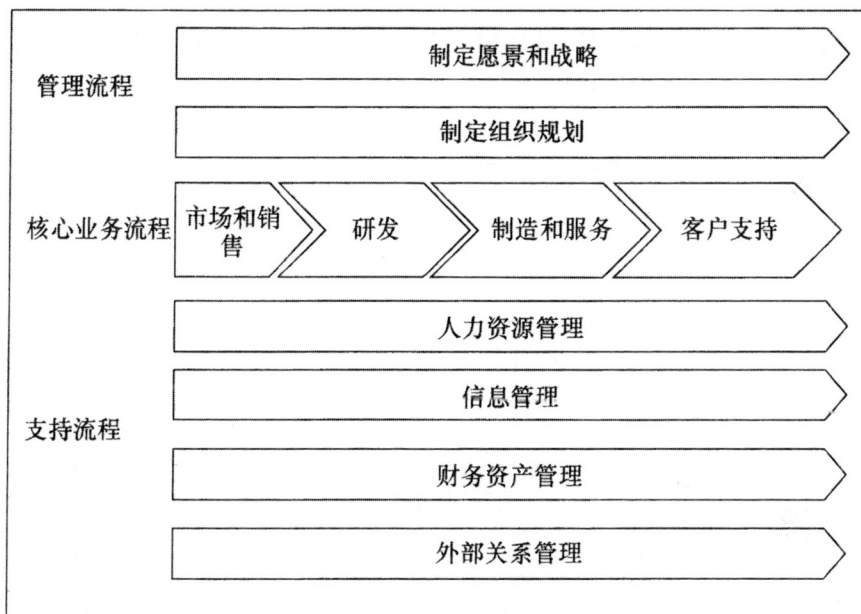

图 7-5　组织的流程示例

　　从某一程度上来说,知识管理就是对组织的业务流程中杂乱无序的流程进行系统化管理,实现知识共享和再利用,以改进业务的水平和效率。知识管理作为一种新型的管理理念和方法,应

---

①　奈特,豪斯. 知识管理:有效实施的蓝图[M]. 北京:清华大学出版社,2005.
②　王众托. 知识管理[M]. 北京:科学出版社,2009.

该为组织的战略发展和流程（尤其是组织的核心业务流程）改进服务。

7.1.2 知识管理实施的流程

知识管理实施流程可以表述为：定义知识目标、鉴别知识、获取知识、开发知识、传播和共享知识、利用知识、保存知识、进行知识评估，如图 7-6 所示。①

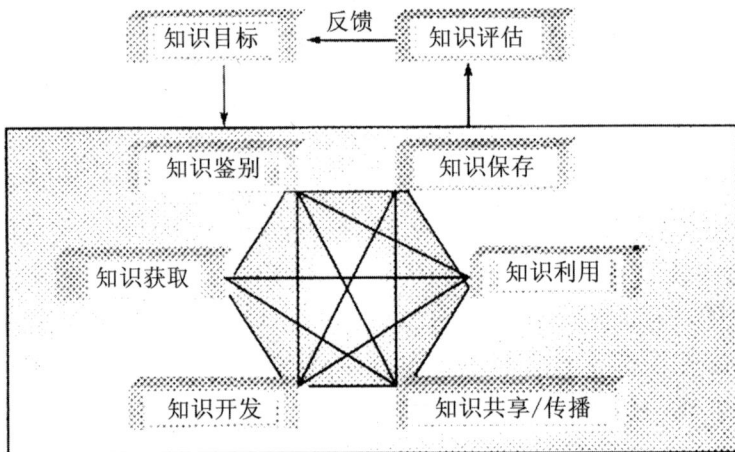

图 7-6　知识管理实施流程

1. 定义知识目标

要想准确无误的实施知识管理，首先必须要将知识目标确定下来，目标就是企业组织航行的指向，引导企业前进。一般将知识目标分为三个层次。

———————

① 储节旺，周绍森等．知识管理概论［M］．北京：清华大学出版社；北京交通大学出版社，2005.

①战略性知识目标。对企业组织的关键性指导目标,是对企业管理的总体把握。

②策略性知识目标。为战略性目标提供支撑,规划了企业进行知识管理时所需要的最关键的知识和技能。

③操作性知识目标。该目标是将战略目标和策略目标具体为单个的行动步骤,为完成前二层次的目标指定具体的措施。

这三个层次的知识目标组建了整个知识管理目标,保证了知识管理目标的完整性,内容上相互补充,确保没有漏洞。

如果将知识目标看做一艘扬帆远航的船,战略性目标就是船长,为整个航行做导向指挥,策略性目标就是船上的大副,在船长的命令下达之后制定方案完成指令,操作性知识目标就是船上的水手,完成上级传达下来的指令,具体实施全部目标内容。

2. 鉴别知识

组织中拥有的知识资源有很多,不管是关于内部的也好,外部的也好,都不会直接显现出来的,组织内的员工如果要使用知识资源的话,必须先将知识显现出来,那么哪些知识需要将其显现呢?这就需要组织进行有选择的进行鉴别,使其达到能到被使用的程度,方便员工找准方向,更加快捷方便好地获取和分享知识。

(1)组织内部知识透明化方法

①专家名录。上面记录了在组织的业务流程中出现比较频繁的问题和可能的解答此问题的人员。

②知识地图。知识地图是将企业组织内的知识资源进行联系和汇聚,可以为组织提供导航作用的一种方式。在知识地图上不管是人力资源,还是知识资源都将会分门别类的整理好,用户只需按照自己所需知识去对应相应的类别即可。

③知识地形图。上面记录了拥有某些特殊技能和专长的人,并指明他们的知识级别,方便用户进行咨询学习。

④知识资产地图。当需要使用某些特殊知识资产时,经常会因知识资源以及类别的过多而无法准确快速地进行查询,此时可以使用知识资产地图,将这些特殊的知识资产单独进行存储。

⑤地理信息系统。显示知识资产的地理分布情况。

⑥知识资源地图。将组织的资源进行整合,将某些能够提供特殊的重要知识的人显现出来。

⑦核心流程。组织进行知识管理时必然会先确定好自身所要达到的目标以及实现这些目标所需的核心事务,核心事务的实现离不开组织人员,一定要将那些关键流程所需的专家和知识结构进行整理,对组织效率的提高大有裨益。

(2)组织外部知识透明化方法

①外部专家网络。现在各行各业都注重对自身专业知识的分享与传授,网络的盛行解决了时间和空间上专业人士的交流沟通障碍难题,各个行业都成功的建立起拥有自身特性和专业知识协会和网络,方便其成员进行知识的学习,分享和利用。这种通过网络联系建立起来的协会和网络不会因某个成员的离去而有较大的影响,具有较高的稳定性。

②咨询公司。很多的咨询公司在某一方面或某一领域有着自己专业独特的知识,在市场竞争压力下,咨询公司的地位日趋上升。

③因特网。随着现代搜索技术的快速发展以及知识信息不断增长扩大,许许多多的知识已经在网络上建立起自己的数据库,这部分数据库资源具有很高的利用价值,不会因时间和空间的变化影响其稳定性。

④组织内部网。企业组织内部也有很多的知识资源,任何跟企业组织的生产经营活动、业务流程相关的资源都可以存入组织

的内部网络,方便进行知识管理时员工进行查询,使企业组织的工作效率更快更高。

3. 获取知识

组织的知识和技术可以通过投资于人力、设备、设施、方法或通过技术开发项目等方式利用组织内部资源获得,也可以通过与用户、供应商、竞争对手的合作来获取。

由于知识的快速增长和知识的不断细化,组织不可能开发它们需要的所有知识。因此,组织必须在知识市场上做出正确的选择以得到重要的专家和实用技能。

4. 开发知识

企业要想一直保持自己的竞争优势,只凭着现在所拥有的知识是远远不够的,必须要进行新知识的开发。企业组织可以在知识管理的过程之中就形成这种思想意识——不断整合资源去获取自己远超对手的能力。

开发知识的过程需要将组织内的资源进行优化,在组织内的资源能力不足时,还可以寻求合作,与组织外部知识资源进行合作以期获取对自己有利的能力,为提升企业的核心竞争力,为企业保持优势创造了条件。

5. 共享与转移知识

组织所拥有的知识必须快速地共享和传递。在组织内进行知识传播和共享时应该首先要解决一个问题,即决定传播什么知识,谁接收它? 知识共享的成功与否依靠对所分享的知识选择和传播介质的选择。相比之下,扁平结构的组织因其组织结构的优良性更加适应知识共享和转移,传统组织的结构则并不适合。

6. 使用知识

知识管理的重点是保证现有的知识能够实际地应用到组织的流程中去,能够实实在在的为组织取得经济效益。为了达到此目标,知识管理的所有环节必须用来指导员工个体的和组织的知识应用。使用中的知识是实施知识管理是否成功的最有意义的评估尺度,因为只有当知识实际的应用到了生产经营领域中才可以看到知识所取得的成果,不应用到实际中的话,实施知识管理将毫无意义。

7. 存储知识

选择、存储和定期更新对未来有潜在价值的知识,对企业进行知识的积累和形成企业的核心能力有着非常重要的影响。

组织在进行日常的经营活动时会不断地进行经验和技能的积累,不管是好的亦或是不好的,都可以当做组织的知识和经验。如果没有这些保存下来的知识和经验作为铺垫,组织进行新的学习就无从谈起,所谓的知识管理和创造也就成了无稽之谈。

组织在保存知识时首先要进行知识的选择,保存有价值的知识,减少知识的冗余度,优化知识库,选择时要注意将围绕某些关键因素的知识以及与该知识相关的具体问一并进行选择保存。其次是要辨别关键员工。员工的作用永远不可能被计算机所取代,他们的经验是组织最宝贵的财富。最后进行知识存储时,要选择适当的形式防止知识的流失。

8. 知识评估

企业组织进行了知识管理,但是这个知识管理的方案本身是否符合企业组织的实际情况,是否具有可行性,知识管理实施之后的效果如何,这些问题都是要经过评价之后才能判定。所以知识的评估必不可少。但是知识是抽象的,既无法进行直接控制,也无法直接进行评价。即使某一部分知识可以评估,评估的结果也不一定是十分精确的。所以本节所称评估知识是指对知识管理实施的成功与否是以是否达到既定的知识目标为准。

由此可知,知识管理的实施是一个过程,中间涉及企业组织管理的方方面面,要根据企业组织的实际情况进行知识管理的实施,不能照本宣科,否则只能起相反作用,做无用功。

7.1.3　知识管理实施的经验和障碍

1. 达文波特关于知识管理项目成功的九个影响因素

美国巴布森学院信息、技术与管理领域的著名教授,托马斯·H·达文波特总结出了影响知识管理项目成功实施的九个因素。[①]

①具备以知识为导向的组织文化,对知识有积极的取向,文化中没有知识禁锢,知识管理项目的类型适合其文化。

②全面普及的技术结构和组织结构。

③高级管理层的支持。

④与组织的经济利润及商业价值相结合。

⑤适合的流程导向。

⑥明确的概念和术语。

⑦必要的激励措施。

---

① 　达文波特. 营运知识:工商企业的知识管理[M]. 南昌:江西教育出版社, 1999.

⑧结构化的知识基础。

⑨知识传递的多种渠道。

2. Gartner Group 关于导致知识管理项目失败的共同因素①

美国第一家信息技术研究和分析的咨询公司 Gartner Group 认为导致知识管理实施失败的原因有：

①没有获得高层主管的支持。

②自上而下推行的知识管理项目,缺乏一线员工的参与。

③忽略了在人力和技术资源方面的持续支持。

④选择了错误的信息技术解决方案。

⑤没有预先设定知识管理项目目标。

⑥选择了错误的咨询顾问公司。

⑦错误的项目评估过程。

⑧虎头蛇尾,眼高手低。

⑨没有注重和加强项目实施过程中的变革管理,遭遇员工抵制。

⑩除了引入信息技术系统之外,没有做任何事情。

3. APQC 关于引发知识管理实施失败的四大障碍

（1）缺乏商业目的

APQC 认为太多的公司将知识管理本身作为最终目标,这些公司之所以会去实施知识管理,是因为他们觉得知识共享是有效的,而不是因为知识管理能够解决他们所在公司的经营管理问题。公司的管理者尚未清楚的认识到自身企业生产经营管理能够与知识管理融合去为企业创造价值。就如同先有了答案,再去

① 廖开际.知识管理原理与应用[M].北京:清华大学出版社,2007.

寻找与答案相匹配的问题,这本身就是缺陷之所在。

成功的知识管理案例都是先有经营问题,然后用知识管理帮助解决这些问题。

(2)规划不周,资源不足

许多公司都将眼光集中在了知识管理的试点项目上,而忽略了后期的成果推广。试点项目因其新颖而获得了大量资源的支持,然而,时过境迁,高层管理人员变更以及市场变化,公司的注意力转移到其他地方,资源很快消耗殆尽。

为了避免这种情况发生,APQC 建议在启动试点项目的同时就要制定推广计划,这样才能够使管理人员明白并做好计划,此举对于确保公司为知识管理配备资源做好准备起着重要作用。

(3)缺乏专人负责

如果没有专人负责,组织推行知识管理的举措最后极有可能是不了了之,而对于大公司来讲可能需要多个负责人。APQC 的经验表明,如果大公司要推行知识管理,除了信息技术专业人员之外,还需要四个核心成员专门负责;而规模较小的公司,需要一名专职人员即可。

另外,组织推动知识管理的力度越大,越需要更多的、不同岗位的人参与。

(4)缺乏用户和内容针对性

APQC 在长期的知识管理咨询实践中认识到:知识管理无法在公司发挥有效作用的重要原因,是推动者们不能将知识管理和现实中的经营(业务)问题结合起来。

知识管理不是"一招鲜吃遍天",相反,只有根据特定公司的需要定制有针对性的方案,知识管理才能发挥最大功效。另外,知识管理还要符合企业文化,APQC 特别强调知识管理必须与组织已有的核心价值观紧密联系起来。①

7.1.4 变革管理是确保知识管理成功实施的关键

知识管理在组织中应用和实施的过程,其实质是一个引发组织变革,并对相应的变革进行管理的过程。因此,组织实施知识管理的过程,同时也是对由此而引发的变革进行管理的过程。组织借助知识管理的理念对企业进行有效变革的关键在于如何对由此引发的变革(甚至是混乱)进行有效管理,为了能够在组织中有效并高效地实施知识管理,必须首先对变革及变革管理有所了解。

变革是对出现于组织之外的某些显著的威胁或机会的反应,而变革管理则指的是识别变革的需要和决定如何做出有效的回应。② 所谓变革的实质可以用四个字概括,就是辞旧迎新。进行变革的主要作用是为了有助于组织对内外环境的变化进行掌控并根据变化做出相应的应对。对变革进行管理促使组织对改变的过程进行规划和评估,保持组织成长的稳定性,在此过程中组织一定要具备能够分辨需要进行变革和对变革进行管理的能力。

组织知识管理实施的过程常常是和变革管理的过程相互交织、同时进行的,如图 7-7 所示。

---

① 《哈佛管理前沿》《哈佛管理通讯》编辑组. 知识管理——推动企业成长的加油站[M]. 北京:商务印书馆,2009.

② 吉尔吉斯. 运营与变革管理——《财富》500 强成功经典[M]. 昆明:云南大学出版社,2002.

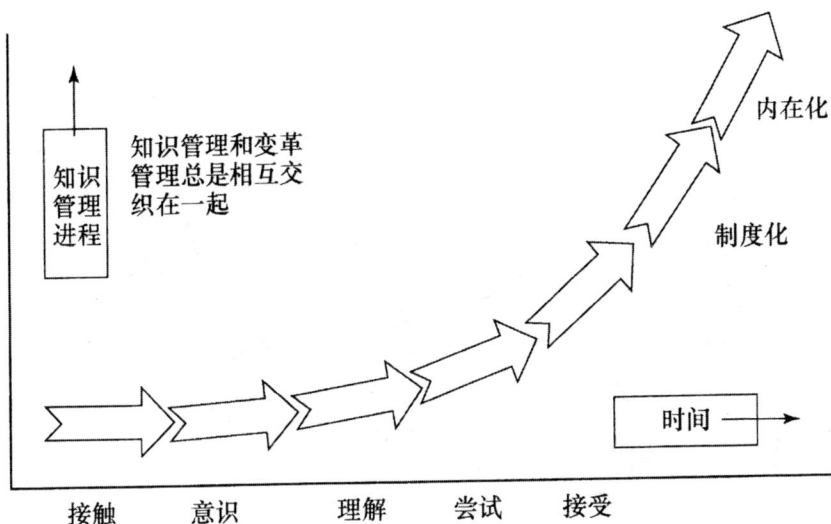

图 7-7　知识管理和变革管理的关系

随着知识管理进程的展开,成功的组织变革一般会经历接触、意识、理解、尝试、接受、制度化和内在化这样几个发展阶段,从刚开始的接触阶段到接受阶段大概需要花费 1—2 年的时间(不同行业、类型、结构、规模及文化的组织会存在差异)。需要注意的是,在不同的变革阶段需要采取与之相适应的不同的知识管理策略。

1. 员工抵制变革的原因

组织在短时间内的剧烈变革会给员工心理和情绪方面带来不安和动荡,一般而言会经历震惊、抵触、自我怀疑、放任、尝试、下决心和整合这样一个复杂的过程,如图 7-8 所示。

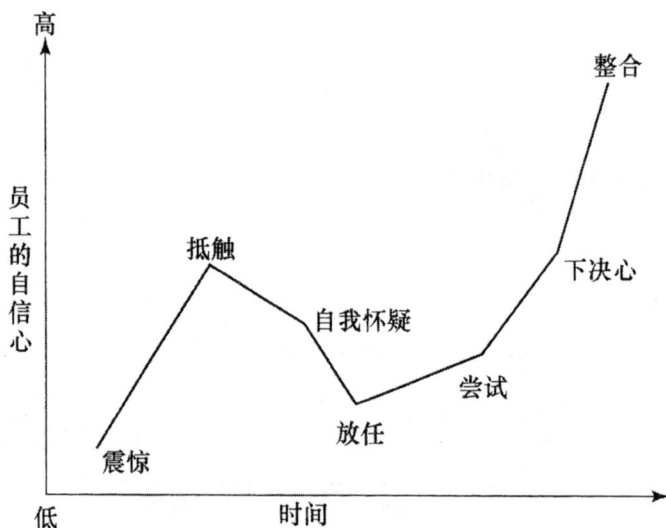

图 7-8　员工面对变革所持的不同心态

世界流程改进领域泰斗詹姆斯·哈林顿（H·James Harrington）等认为员工抵制变革较常见的原因有：[①]

①组织愿景不清。

②组织过去进行的变革效果不好，因此组织成员往往不会对新的变革抱有希望。

③变革中缺乏中层管理人员的支持。

④组织中缺乏理解与信任。

⑤风险承受力低。

⑥没有实施结果管理，管理不善。

⑦组织内缺乏清楚、有效的沟通。

⑧变革缺乏足够的时间。

---

①　哈林顿.项目变革管理[M].北京：机械工业出版社,200 1.

⑨虎头蛇尾,大张旗鼓地启动项目,但之后不能坚持实现变革最初的目标。

⑩组织内各部门之间缺乏协作;高层管理者言行不一。

虽然当今变革几乎已成为人们生活、工作的一部分,然而人们通常反对变革、害怕变革、甚至抵制变革。究其原因,主要是由变革自身的特性所引起的。

①变革意味着打破陈规,它会改变人们已经习以为常的事物,打破传统的组织结构和实践。

②变革需要摒弃那些已经习惯的、依赖已久的东西。

③变革会让置身其中的人们产生恐惧和忧虑,以及各种压力。

④变革会打破现有的平衡,冲击现有的既得利益。

⑤变革要求人们放弃已经习惯的、目前暂时的舒适,而代之以不舒适,需要人们学会在最短的时间内适应不适。

⑥变革的结果很难事先预知(变革结果的不确定性)。

⑦变革相当复杂,并且永无止境。

⑧变革需要耗费各种资源(精力、时间、物力、财力等)。

变革的领导者应该着重了解哪些是使变革减速或停止的限制因素,哪些是促进其生长的因素,怎样才能激活这些因素,同时还要克服产生变革的限制因素。成长和发展的奥秘是学习怎样与变革的力量作斗争。[①]

2. 组织变革中的角色及其相互关系

组织变革中的重要角色通常可分为以下四类[②]:变革委托人(sponsors)、变革代理人(agents)、目标人员(targets)和变革的拥

---

① 圣吉. 变革之舞[M]. 北京:东方出版社,2001.

② 哈林顿. 项目变革管坪[M]. 北京:机械工业出版社,2001.

护者(advocates)。各角色的作用和职能分析如下。

(1)变革委托人

指具有批准、认可项目权利的个人及团体,可分为首倡型(initialsponsors)和维持型(sustaining sponsors)两类。首倡型委托人和维持型委托人在权力地位中的结构等级不同,前者的权利层级较高,掌握项目的生死大权,即项目的启动由首倡型委托人决定;后者的权力层级较低一些,后者主要是利用运输途径、人脉或者是政策上的优势去配合前者的指令执行。要想变革得到顺利的实施,首倡型委托人离不开维持型委托人的支持,否则所谓的变革就是空中楼阁,毫无根基,难逃失败的命运。

(2)变革代理人

变革代理人充当的是协调员的角色,代理人必须要熟悉变革的各个方面,为委托人和目标人员的沟通搭建桥梁。变革代理人可以是个人,也可以是团体,主要负责与变革相关的各类人员进行接触,确保各类人员对变革以及变革过程中产生的问题保持一致和协同。

(3)目标人员

即变革的对象,指受到变革影响的个人或团体。成功的变革必须使目标人员适应变革并以适当的方式参与到变革过程中来。

(4)变革的拥护者

指那些希望变革成功地实现,但缺乏实施权利的个人或团体。变革拥护者的工作是劝说潜在的委托人支持需要启动的项目,或者将没有经验的委托人的实力提高到取得成功所需要的水平上。

在实际的变革实施过程中,各种角色的分派在组织中很少是一条直线贯穿到底的,工作关系可能会非常复杂而又纠缠不清,因为在变革当中人们往往扮演着多重角色,并经常改变着自己的角色。

3. 两种典型的组织变革之路

组织的变革通常可以分为两大类：自上而下的变革与自下而上的变革。

自上而下的变革顾名思义是由高层往员工方向进行变革，通常都是因为高层管理者对某个项目或者方案拥有强烈的热情和自信，从而引发变革，但在此过程中员工的看法不一定与管理者一致，相对比较被动，抵触的情绪较大。

自下而上的变革与前者相反，它通常是由组织中的中下层管理者或者是员工所引发，员工对变革抱有信心，员工的参与率较高，然而此变革并不一定能得到高层领导的支持，资源很匮乏，故而成功率不高。

最好的变革应是自发的，所以若能允许人们学会成为变革的主人，那么变革便会有效、持久。实际上所有的变革都综合了上层和下层驱动两种方式，而且，无论在变革的过程中采取何种途径，所遵循的变革原则都是相同的。

4. 变革管理的战略选择

组织变革的程度一般被划分为两种极端的形式：即激进（革命）式和渐进式的变革。

激进式变革指影响整个组织的变革，激进式变革应该具备充足正当的理由，目的明确并且以适当的方式进行，否则整个组织将会陷入危机中。

渐进式变革指持续进行的变革，不像激进式变革那样剧烈，一般以对现有系统的改进完善为目的，是经常性的活动。渐进式的变革通常局限于局部。现实的变革中渐进性和革命性变革对于组织的发展同样重要，二者比较见表 7-2。

表 7-2　两种变革方式的比较

激进式的变革	渐进式的变革
迅速变革	缓慢变革
结构清晰	最初计划并不清晰
与其他部分相关性较少	与其他部分相关性较多
克服阻力	化解阻力

5. 变革管理的一般过程

变革充满了未知性和不确定性，如何正确而全面地理解变革的内涵，掌握变革的策略与方法，管理好变革，使组织和个人能够以更有创意、更令人愉悦的方式来面对变革，是变革管理的关键。虽然不同的组织所面临的外部环境及内部结构、文化等因素会有不同，组织变革中所面临的具体问题会有差异，但变革依然遵循管理的一般规律，需要计划、组织、领导和控制，需要不断的创新。

（1）组织变革的一般过程

变革是一个逐渐展开的过程，而不是一个"是或否"的简单事件。通过这个过程促使人们在知识、技能、心态和行为上发生改变，从而有效地实现在战略、组织结构、业务流程、规章制度以及技术和产品方面的改变。这个逐渐展开的过程以三个状态为特征：当前状态、过渡状态以及期望或未来状态，如图 7-9 所示。

变革管理专家告诫人们：当前状态的束缚是如此之强烈，以至于当人们觉得别无选择时，才会选择改变。只有经历过渡状态且付出物质或情感的代价比人们维持现状所承受的"痛苦"小时人们才会乐意接受变革。因此，必须向人们指出伴随未解决的问题（或丧失的机会）而来的当前和预期的巨大痛苦，才能证明人们打破当前状态中的惰性是正确的。如果从当前状态过渡到期望状态只有痛苦而没有任何救治,变革就不能持续下去。救治为向期望状态转变带来了动力。

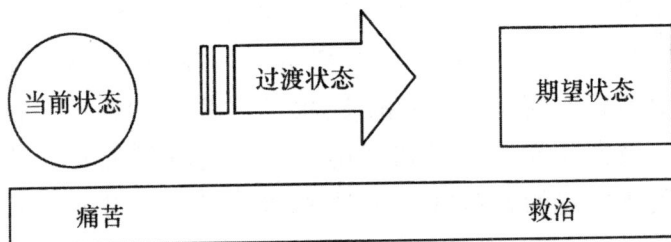

图 7-9　变革是一个过程

(2)变革的一般过程与阶段

研究变革管理的学者将变革的一般过程进行总结概括,如图 7-10 所示。

通过对有计划的变革模式的考察,变革活动又被分为四个阶段如图 7-11 所示。

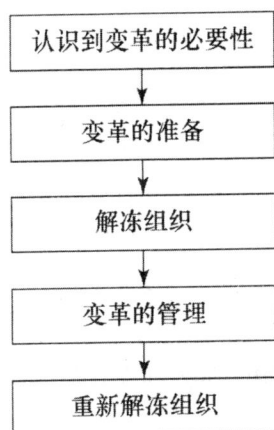

图 7-10　变革的一般过程　　图 7-11　变革的四个阶段

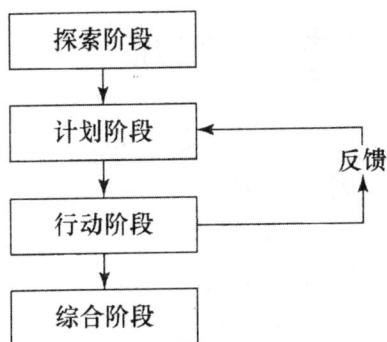

在变革活动中,探索阶段是一个初始开始,组织已经对变革的到来开始做准备,对变革带来的各方面影响做出评估并进行相

应的资源的准备。

计划阶段和行动阶段是对变革进行具体的应对的过程,在计划阶段要充分掌握组织的现存状况,可采用 PEST 法[①]进行分析掌握,之后要采用 SWOT[②] 法对变革的目标进行确定,注意在此阶段一定要获取高层领导者的支持,这样变革的各项工作和资源才能得到最大限度的开展和利用。在行动阶段就要具体去实施计划阶段所制定的各项措施和方法,在此阶段要注意各项活动的效果,及时反馈给各负责人,各负责人可根据实际情况进行具体调整,力争达到最佳效果。

综合阶段时就要注意对整个变革过程的评价,查看变革的目标是否达成,不管成功与否,变革以及变革的管理过程对组织来说都是一笔财富。

7.2   知识管理的评价

7.2.1   知识管理评价的概述

知识管理评价是知识管理实施的一个重要环节,企业实施知识管理很重要,评价知识管理也很重要。

---

① PEST 分析是指对宏观组织环境的分析,P 是政治(Politics),E 是经济(Economy),S 是社会(Society),T 是技术(Techno logy)。

② SWOT 分析是一种组织的内部环境分析方法,SWOT 为四个英文字母的缩写:优势(Strength)、劣势(Weakness)、机会(Opportunity)、威胁(Threat)。所谓 SWOT 分析,即态势分析,就是将与研究对象密切相关的各种主要内部优势、劣势、机会和威胁等,通过调查列举出来,并依照矩阵形式排列,然后用系统分析的思想,把各种因素相互匹配起来加以分析,从中得出一系列相应的结论,而结论通常带有一定的决策性。

要对知识管理进行评价,先得了解知识管理是什么,然后是对知识管理的哪些内容进行评价,最后则是对实施知识管理后的效果进行评价。

知识管理实质只用两个字足以概括:思想。知识管理实际上就是对管理的一种思想,是企业对自身管理的一种投资,有了投资必然会想到回报,回报自然也是属于评价范围之列。

知识管理的内容主要是两方面的内容:一是对方案本身的评价,方案本身的评价是指在实施后,经过各方面的观察和反馈,去寻找方案制定中存在的问题,为方案的修正提供依据;二是对方案实施结果的评价,叶茂林等在《知识管理理论与运作》一书中提出这种评价应包括七个方面[①]。

进行知识管理效果的评价,主要是对知识管理实施后组织的各项改变是否达到当初的预期值。值得注意的是知识管理项目的最终目标更多的是在质上而不是在量上有所提高,效果评估不像一般的有形资产那样容易和明确,因此知识管理的效果常常难以准确量化(尤其是对于知识管理长期收益的评估会更加困难)。但组织仍然要采取多种方式,从多个侧面、多个层次对组织知识管理实施的效果进行评估。

综上所述,组织知识管理实施的评价是指组织对投资在知识管理过程、目标实现及投资回报率上所作的一种效果评估,经过各方面的通力合作,将在管理过程中出现的问题以及漏洞查找出来,进行改进,提高企业的竞争力和生存空间。

---

① 包括知识管理方案目标评价、制度评价、方法评价、内容评价、过程评价、效果评价和顾客满意度评价。

7.2.2　组织知识管理的整体性评价

1. APQC 知识管理成熟度模型

APQC 将组织知识管理的成熟度分为了五个等级：初始级、发展级、标准级、优化级和创新级，如图 7-12 所示。

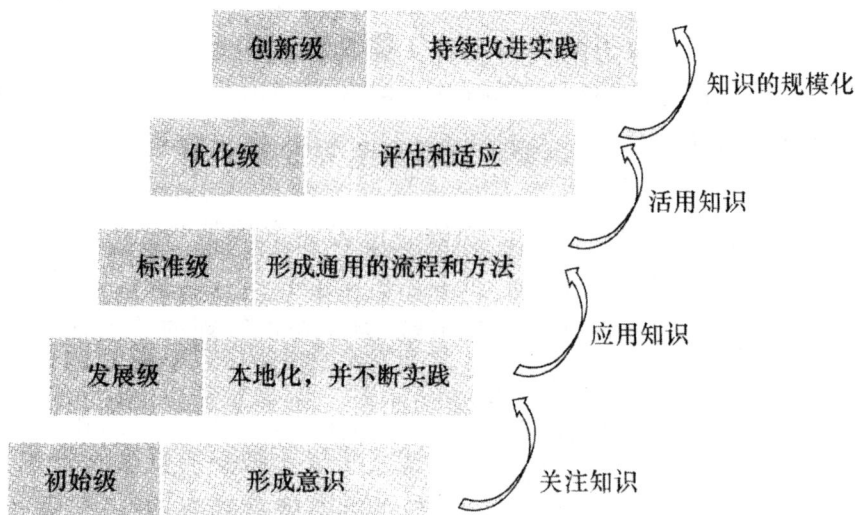

图 7-12　APQC 知识管理成熟度模型

2. 知识管理成熟度模型（KMMM）

知识管理成熟度模型（KMMM）的组织知识管理评价方法，是为组织目前的知识管理实施状态进行定位，并提供未来发展知识管理的方向。KMMM 包含进化模型、分析模型和评价流程三个方面。

进化模型描述了组织知识管理的发展路径：初始级→可重复

级→已定义级→已管理级→最优级。这五个级别的发展是循序渐进的,不可跳跃。

　　分析模型让管理者分析影响知识管理的关键因素,发现未来应该发展哪些关键领域(key areas)及主题(topic)。KMMM 的分析模型包含八个关键领域:策略与知识目标、环境与合作伙伴、人员与能力、合作与文化、领导与支持、知识结构与形式、技术与架构、流程与组织角色。每个关键领域又包括特定的主题,总共有64 个主题。

　　KMMM 项目将评价流程的整个程序分为五个阶段,如图 7-13所示。

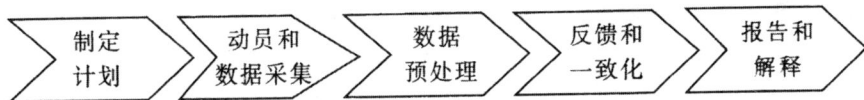

图 7-13　评价流程过程

7.2.3　知识管理实施的价值评价

　　知识管理是一个为组织创造价值的过程,总体而言,知识管理可以为组织带来五方面的价值:财务、创新、流程、客户、人力资源,如图 7-14 所示。

　　①财务。知识可以为组织直接带来成本的降低或收入的增加。

　　②创新。通过有效地开发、共享和知识应用,组织可以快速开发和引入新的产品与服务。

　　③流程。知识常常是整合在组织的各项流程之中的,比如新产品开发流程、市场和销售流程、客户服务流程等,知识管理可以使组织的流程更有效、更高效。

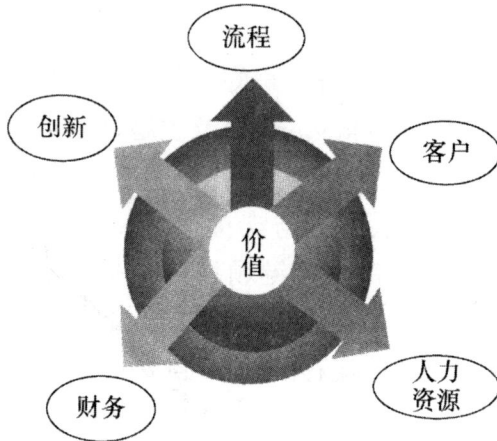

图 7-14　实施知识管理的价值评价

④客户。知识可以帮助组织创造和开发客户资本(组织知识资本的重要组成部分),更好地了解客户及其需求,这样能够帮助组织优化其产品和服务。另一方面,和客户共享知识还可以提高与客户之间的黏性。

⑤人力资源(雇员)。当今许多组织的雇员都是知识工作者,有效的知识管理可以为知识工作者创建出能够最大限度地发挥其聪明才智的组织文化和环境,使员工乐于工作,可以方便地学习,方便地和同事、伙伴及客户共享知识,从而高效地开发组织的人力资源。

7.2.4　知识管理的实施结果的评价

实施结果的评价,这种评价包括知识管理方案目标评价、制度评价、方法评价、内容评价、过程评价、效果评价和顾客满意度评价。

（1）目标评价

评价知识管理的目标是否已经实现。对于没有实现的目标，要分析其原因。更为重要的是，要分析制定的目标的科学性、实用性、可行性。还要分析企业战略以及知识管理战略制定的是否科学、是否合理、是否可行。

（2）制度评价

对企业各种知识管理制度的制定的科学性、实用性、可行性进行评价：这些制度是否满足知识管理的要求，是否有利于知识管理。在进行评价时特别要注意企业各种制度之间是否相互和谐和互补，如果制度之间不兼容，存在着矛盾，知识管理实施的结果也会不顺利，会产生不利的结果；如果制度没有互补性，意味着制度上存在着漏洞，知识管理的效果也会大打折扣。

（3）方法评价

评价企业所采用的知识管理方法是否科学、有效。要根据企业是实际情况采用合适的方法进行知识管理，因为并不是所有的方法对企业都有效果。有时还必须要创造出新的方法去适用企业的实际情况，同时，要考虑到实际情况的复杂性，将能够互补的方法结合起来去使用也是一种非常高效的方法。

（4）内容评价

要对知识管理内容完成的情况进行评价。进行内容评价时要注意对每一项内容完成情况进行逐一分析，分析各项内容之间是否独立，是否完整。内容之间若是不独立，则证明内容之间有重复的工作；若是内容不完整，则证明整个工作有疏漏的地方；若是内容没有完成，一定要分析没有完成的原因。

（5）过程评价

对知识管理的过程评价是指对企业知识生产、传播、交换、利用发展的稳定性、持续性以及是否有增长的潜力进行评价；还包括对知识生产、传播、交换、利用过程的协调性进行评价。

（6）效果评价

知识管理的有没有效果，效果怎么样是与知识管理效率高低直接相关的。因为实施知识管理需要投入成本，也会产生收益，所以通过成本收益分析，能够确定知识管理的效果大小和效率高低。

（7）顾客满意度评价

企业主要是依靠顾客才能占有市场，才能够为自己创造价值和利润。因此，知识管理的成功与否与顾客是否满意息息相关。顾客满意度分析就是一种对顾客满意度评价的最有效方法。顾客满意度分析是建立在顾客满意度测评基础上的。顾客包括内部顾客和外部顾客，不仅要对外部顾客满意度分析，还要对内部顾客满意度进行分析。

在知识管理的评价之中要时刻谨记"实时性"原则，能够现在进行分析和改进的绝不拖延到下一刻，这样才能得到正确的分析评价结果。①

参考文献

[1]梁林梅,孙俊华.知识管理[M].北京:北京大学出版社,2011.

[2]储节旺,周绍森等.知识管理概论[M].北京:清华大学出版社;北京交通大学出版社,2005.

[3]廖开际.知识管理原理与应用[M].北京:清华大学出版社,2007.

---

① 叶茂林,刘宇,王斌.知识管理理论与运作[M].北京:社会科学文献出版社,2003.

[4]《哈佛管理前沿》《哈佛管理通讯》编辑组.知识管理——推动企业成长的加油站[M].北京:商务印书馆,2009.

[5]吉尔吉斯.运营与变革管理——《财富》500 强成功经典[M].昆明:云南大学出版社,2002.

[6]哈林顿.项目变革管理[M].北京:机械工业出版社,2001.

[7]圣吉.变革之舞[M].北京:东方出版社,2001.

[8]哈林顿.项目变革管坪[M].北京:机械工业出版社,2001.

[9]廖开际.知识管理原理与应用(第二版)[M].北京:清华大学出版社,2010.

[10]叶茂林,刘宇,王斌.知识管理理论与运作[M].北京:社会科学文献出版社,2003.

[11]储节旺,周绍森等.知识管理概论[M].北京:清华大学出版社;北京交通大学出版社,2005.